一本书读懂
碳达峰
碳中和

胡华成◎编著

清华大学出版社

北京

内 容 简 介

本书通过12章内容，由浅入深解读碳达峰、碳中和的知识内容和场景案例，是一本看得懂、学得会、用得上的入门教程。

本书主要通过两条线，来对碳达峰、碳中和的相关内容进行解读。一条是"知识技术"线，详细介绍了碳排放、气候变化、碳达峰、碳中和、国内外相关政策、碳金融、碳排放交易、技术体系等内容，让读者可以快速了解碳中和知识，玩转碳中和技术，看懂大势发展。另一条是"应用案例"线，详细介绍了碳达峰、碳中和在工业、能源、建筑、交通、电力以及公共生活领域的综合应用案例，帮助读者了解如何用碳中和重构社会生活的方方面面。

本书逻辑架构清晰明了，适合对碳达峰、碳中和感兴趣的读者阅读。

图书在版编目(CIP)数据

一本书读懂碳达峰、碳中和 / 胡华成编著. —北京：清华大学出版社，2023.11
ISBN 978-7-302-64954-0

Ⅰ.①一… Ⅱ.①胡… Ⅲ.①二氧化碳—排气—研究 Ⅳ.①X511

中国国家版本馆CIP数据核字(2023)第230776号

责任编辑：张　瑜
封面设计：杨玉兰
责任校对：吕丽娟
责任印制：刘海龙

出版发行：清华大学出版社
　　　网　　　址：https://www.tup.com.cn, https://www.wqxuetang.com
　　　地　　　址：北京清华大学学研大厦A座　　　邮　　编：100084
　　　社 总 机：010-83470000　　　邮　　购：010-62786544
　　　投稿与读者服务：010-62776969, c-service@tup.tsinghua.edu.cn
　　　质量反馈：010-62772015, zhiliang@tup.tsinghua.edu.cn
印 装 者：北京博海升彩色印刷有限公司
经　　销：全国新华书店
开　　本：170mm×240mm　　印　　张：14.5　　字　　数：278千字
版　　次：2023年12月第1版　　印　　次：2023年12月第1次印刷
定　　价：79.80元

产品编号：085166-01

前言

根据国际能源署发布的报告，2021 年全球与能源相关的二氧化碳排放量较 2020 年增加了 6%，总量达到 363 亿吨。此期，全球二氧化碳增幅是历史上最大的，其绝对增幅超过 20 亿吨。在二氧化碳增长中，煤炭造成二氧化碳的增长量是最多的，占总增长量的 40%。

二氧化碳是最主要的温室气体，也是造成全球气候变暖的主要原因之一。二氧化碳排放过多造成的气候变化会带来冰川融化、海平面上升、生态环境破坏、酸雨等一系列问题，严重影响人类的生产生活。因此，控制二氧化碳的排放是一件刻不容缓的事，各国都应该在不影响本国经济发展的同时，竭尽所能地采取一系列有效措施来减少二氧化碳的排放。

从 1979 年第一次世界气候大会召开开始，人们便开始关注气候变化的情况。经过几十年的努力，各国都认识到气候变化的危害，都在积极应对气候变化以及控制二氧化碳的排放，我国也不例外。2020 年，我国明确提出"30·60"双碳目标（2030 年前实现碳达峰，2060 年前实现碳中和），该目标的提出是我国对世界各国的庄严承诺。

碳中和，既是各国目标，也是我国愿景，大到世界，小到个人，都与之息息相关。它不是一个虚的概念，而是一件实的事情，特别是与我们生活紧密相关的交通、建筑、服务、钢铁、水泥、化工等行业，几乎每时每刻都在影响我们的生活。

本书以介绍碳达峰、碳中和为核心目标，以帮助读者快速了解并掌握碳达峰和碳中和的基础知识、技术构成和行业应用等内容为根本出发点。全书深度剖析了气候变化、碳达峰、碳中和、碳金融、碳排放交易、碳中和技术体系等方面的内容，力求无论是从深度还是广度上都能帮助读者很好地了解碳达峰和碳中和的基本情况。

本书由胡华成编著，参与编写的人员还有叶芳等人，因编写时间仓促，书中内容如有错误之处，欢迎指正。

编　者

目录

第1章

碳排放与气候变化

学前
提示

气候变化关系着人类的生存与发展，气候变化是人类需要共同面对的问题，而碳排放是影响气候变化的重要因素。因此，要想应对气候变化问题，首先要妥善解决碳排放的问题。

1.1 碳排放概述

二氧化碳是温室气体中最主要的一种，因此人们便用碳来代表温室气体。虽然这个说法不是很准确，但是这样能够让大家更加便于理解。因此，碳排放其实指的便是温室气体的排放，也可以理解为二氧化碳的排放。

一般来说，人类的生活时时刻刻都在产生碳排放，例如我们平时开车会造成碳排放、做饭时会造成碳排放等。本节我们就针对碳排放做具体介绍。

1.1.1 碳及温室效应

因为碳的过度排放造成了温室效应，因此在了解碳排放之前，我们先了解碳和温室效应。

1. 碳

碳是一种不溶于水的非金属元素，也是一种常见的元素，其英文为Carbon，化学符号是 C。碳在很早以前便已经被发现并使用了，而人类最早使用碳的形式是炭黑和煤。此外，碳还是生铁、熟铁以及钢的成分之一。

下面我们来了解碳循环以及碳的贮藏形式。

1）碳循环

和水一样，碳元素也可以在自然界中循环，称为碳循环。碳循环是指碳在地球系统中的循环过程，包括从大气中吸收二氧化碳（CO_2）到植物和海洋中，再通过呼吸、分解和燃烧等过程释放回大气中的过程。碳循环还包括由岩石和土壤中的有机物质长时间地储存碳，以及通过化石燃料的开采和使用等人为因素加速的碳排放。

图 1-1 所示为碳循环。从图 1-1 中可以看出，二氧化碳会在残落物 / 尸体 / 粪便、植物、动物以及煤 / 石油等化石燃料之间循环。

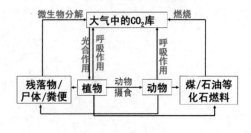

图 1-1　碳循环

2）贮藏形式

碳既可以以游离元素的形式存在，也可以以化合物的形式存在。值得注意的是，虽然以二氧化碳形式存在的碳在大气中是少量的，但它却是大气非常重要的组成部分。

以游离元素的形式存在的碳有金刚石、石墨等。金刚石是钻石的原石，也是到目前为止在地球上发现的天然存在物中最坚硬的，因此它可用作工艺品或切割工具，如金刚石刀具，如图 1-2 所示。

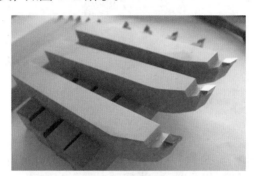

图 1-2　金刚石刀具

石墨又可称为石黛、画眉石等，广泛分布于全世界，其主要用途有制作铅笔、电极、润滑剂等。图 1-3 所示为石墨电极。而以化合物形式存在的碳主要存在于碳酸盐中。

图 1-3　石墨电极

2. 温室效应

温室效应最早于 19 世纪 20 年代由法国学者让·巴普蒂斯·约瑟夫·傅立叶（Jean-Baptiste Joseph Fourier）提出。自工业革命之后，温室气体排放量逐年增加，温室效应也逐渐明显，已经引起全世界的关注。值得注意的是，各类温室气体中，二氧化碳占比最大，对全球气候变暖、温室效应的影响也最大，如图 1-4 所示。

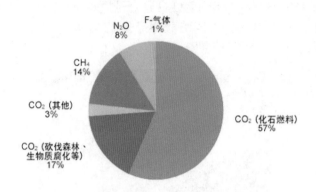

图 1-4　温室气体占比图（数据来源：科普南昌）

温室效应形成的原因主要是，人类活动中的工业生产、交通、农业生产、建筑等领域排放了大量能够加重温室效应的气体，尤其是二氧化碳。表 1-1 所示为部分温室气体排放加重全球变暖的潜在趋势。

表 1-1　部分温室气体排放加重全球变暖的潜在趋势

种类	大气寿命	GWP(时间尺度)		
	(a)	20a	100a	500a
CO_2	可变	1	1	1
CH_4	12±3	56	21	6.5
N_2O	120	280	310	170
CHF_3	264	9100	11700	9800
HFC-152a	1.5	460	140	42
HFC-143a	48.3	5000	3800	1400
SF_6	3200	16300	23900	3490

 专家提醒

　　GWP 是温室气体全球增温潜势（Global Warming Potential）的缩写，是一种用于比较不同温室气体对全球气候变化的影响的指标。在 GWP 计算中，使用了一个时间尺度因子，通常表示为 a。该因子代表温室气体在大气中停留的时间与二氧化碳相比的比值，通常取 20 年、100 年或 500 年等不同的时间尺度。

二氧化碳经排放后进入大气层，由于其具有隔热、吸热的功能，吸收了大量太阳辐射到地球的热量并将地面的红外线反射回去，造成地球表面气温上升的情况。图 1-5 所示为温室效应原理图。

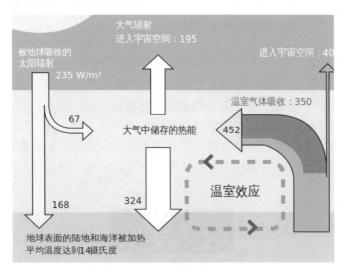

图 1-5　温室效应原理图

由此可以看出，温室效应造成的温室有两大特点：温度高、不散热。在日常生活中，有些建筑便是利用了这种原理以及特点来培育蔬菜和花卉，比如温室大棚和玻璃育花房。图 1-6 所示为温室大棚。

图 1-6　温室大棚

1.1.2　碳排放的来源及影响

碳的排放是造成温室效应最重要的影响因素之一，因此在了解了碳以及温室效应后，我们还要看一下日常生活中碳排放的来源以及碳排放的影响，帮助减少碳的排放，从而早日实现碳达峰、碳中和。

1. 碳排放来源

人类的许多行为活动都会排放二氧化碳，例如冰箱、空调、汽车、船只等的使用。可以说，碳排放来源与人类的生活息息相关。

值得注意的是，化石燃料的燃烧是碳排放的主要来源。化石燃料主要包括石油、天然气等，化石燃料是烃及其衍生物的混合物。化石燃料在燃烧时，碳经过充分燃烧与氧结合，便转化成了二氧化碳从而排入大气，其化学方程式如图 1-7 所示。

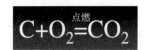

$$C+O_2 \stackrel{点燃}{=\!=} CO_2$$

图 1-7　碳燃烧化学方程式

此外，虽然化石燃料的燃烧是碳排放的主要来源，但是人口的增长、经济的发展也会在一定程度上增加碳排放。

21 世纪以来，我国的碳排放量一直在增加。2011 年至 2020 年这 10 年间，二氧化碳总体排放量由 88.23 亿吨增长到了 98.94 亿吨，碳排放总量与世界总排放量之比由原来的 13.8% 升高到 29.4%，如图 1-8 所示。

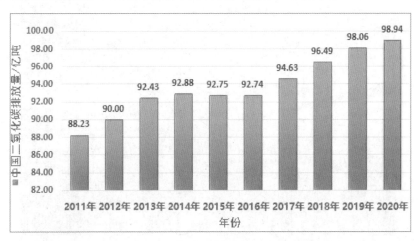

图 1-8　2011—2020 年中国二氧化碳排放量（数据来源：BP、智研咨询）

因此，为了更好地减少碳排放量，我国提出了"双碳"目标，即二氧化碳排放力争于 2030 年前达到峰值，努力争取于 2060 年前实现碳中和。

图 1-9 所示为世界二氧化碳排放总量。可以看出，2020 年世界二氧化碳排放量达到了 300 亿吨以上，但是相比 2018 年下降了 5.8%，而这也是近年来下降幅度最大的一次。

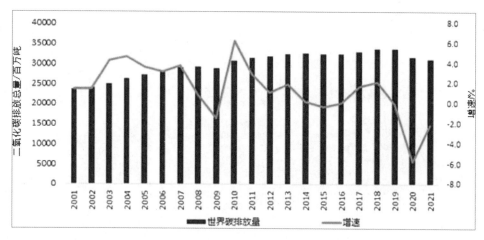

图 1-9　世界二氧化碳排放总量（数据来源：国际能源署）

2．碳排放的影响

碳排放过多会造成多方面的影响，不仅会造成全球变暖，还会威胁人类的生存和居住环境。另外，全球变暖同时还会造成冰川和冻土消融、海平面上升等影响。

1）全球变暖

二氧化碳有着吸热以及隔热这两种功能。如果地球上的二氧化碳过多便会形成温室效应，从而导致全球变暖。

图 1-10 所示为 1850—2020 年全球平均温度距平，即 1850—2020 年每年的气温与平均值的差。从图 1-11 中可以看出，2020 年中国陆地表面平均气温比常年值（本报告使用 1981—2010 年气候基准期）偏高 1.06℃，是 20 世纪初以来的最暖年份。

在亚洲地区，中国是受全球气候变化影响比较明显的国家。图 1-11 所示为 1901—2020 年中国地表年平均气温。从图 1-11 中可以看出，中国的地表年平均气温从 1950 年以来呈现很明显的上升趋势，特别是进入 21 世纪后气温距平一直都在 0℃以上。

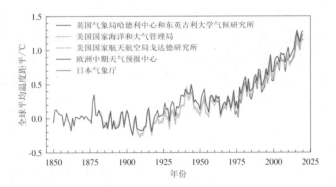

图 1-10　1850—2020 年全球平均温度距平（数据来源：《中国气候变化蓝皮书（2021）》）

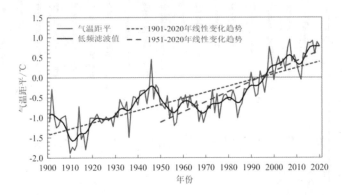

图 1-11　1901—2020 年中国地表年平均气温（数据来源：《中国气候变化蓝皮书（2021）》）

2）冰川和冻土消融

随着全球变暖，各地的冰川会逐渐消融，但是冰川并不会完全消融，地球自有其一定的反馈系统。图 1-12 所示为天山乌鲁木齐河源 1 号冰川变化情况。从图 1-12 中可以看出，从 1962 年到 2021 年，该冰川在不断消融。

图 1-12　天山乌鲁木齐河源 1 号冰川

冰川的消融会造成水资源短缺的情况。冰川的消融导致固体水资源变少，而一些依赖于冰川水源补给的地方将会面临干旱的情况，例如中国的南疆地区、河西走廊等。

此外，有科研人员曾在极地发现古老病毒，而且这些病毒经过了几千年的时间仍然存活。因此，科研人员认为，极地是古老病毒的最大库存地。当冰川消融后，这些古老病毒就会全部释放出来，将严重威胁人类的生命财产安全。

3）威胁人类的食物供应和居住环境

气温和水是影响农作物生长的重要因素。而碳排放的增加，导致全球气温升高以及地下水位下降，从而严重影响农作物的生长。而农作物歉收，将严重影响人类食物的供应。

另外，碳排放过多，还会导致气候反常、海洋风暴增多、土地干旱、沙漠化面积增大等问题，影响人类的生存与生活。

值得注意的是，气候变化以及碳排放过多容易引起空气污染、饥荒、呼吸道疾病，世界上每年有大约 500 万人因此而死亡。如果不采取相应的措施减少碳排放，到 2030 年因此而死亡的人数将达到 600 万，而这些死亡的人中有 90% 是在发展中国家。

4）海平面上升

海平面会随着海洋盆地的容积以及海洋中的海水体积的变化而变化。二氧化碳排放过多造成冰川消融，大量的冰川融化后的水流入海洋中，从而导致海平面的上升。海平面的上升对沿海地区经济、生态系统都有着重大影响。

图 1-13 所示为 1980—2020 年中国沿海海平面距平变化。可以看出，近年来，中国沿海海平面呈现上升趋势。

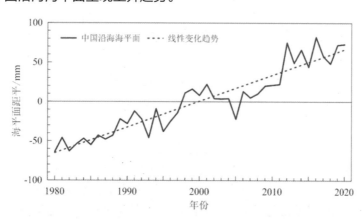

图 1-13 1980—2020 年中国沿海海平面距平变化（数据来源：《中国气候变化蓝皮书（2021）》）

此外，全球海洋的热含量也在逐年增加。从 1995 年开始，全球海洋热含量就已经达到了 0/10²² 焦耳以上，如图 1-14 所示。

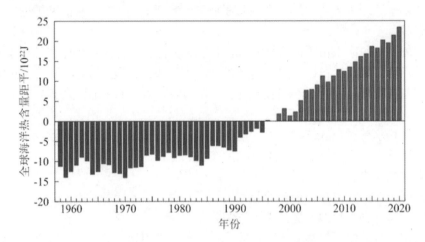

图 1-14　1958—2020 年全球海洋热含量（数据来源：《中国气候变化蓝皮书 2021》）

那么，海平面上升有哪些危害呢？一般来说，海平面上升有以下 8 种危害，如图 1-15 所示。

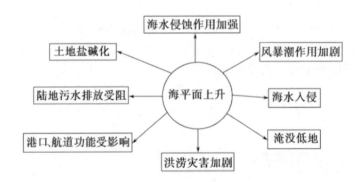

图 1-15　海平面上升的危害

1.1.3　碳排放的计算

随着 2019 年哥本哈根气候变化大会的召开，"低碳"一词便开始在全球受到瞩目。低碳生活、低碳经济已经成为人们共同努力的目标，现在许多国家都开始实行低碳计划，号召大家低碳生活。图 1-16 所示为"低碳生活"倡议书。

碳排放与人们的生活息息相关，因此大家开始关注碳排放量的多少，想要知道怎么计算碳排放量。现在国际上公认的碳排放的计算公式是活动水平乘以排放系数之积，如图 1-17 所示。

图 1-16   "低碳生活"倡议书

图 1-17   国际普遍使用的碳排放计算公式

　　但是，因为数据来源尺度的不同以及可靠性的不统一，这个公式里面存在很多不确定性。例如，每个国家或地区的计算尺度不同，那么他们所得出的数据也是不一样的。

　　此外，这个计算公式是需要国家统计好数据才能进行计算的。也就是说，这种计算方式存在一定的滞后性，得出的数据往往是两年前或是一年前的，这不足以满足碳达峰、碳中和需要快速统计的要求。

　　因此，清华大学地球系统科学系为了能够满足碳达峰和碳中和的要求，对这一公式做了延伸，如图 1-18 所示。

　　该方法利用多种数据源计算活动水平，并利用技术进步、区域差异、规模效应来把握排放因子，最后通过多部门整合来实现碳排放的准确计算。

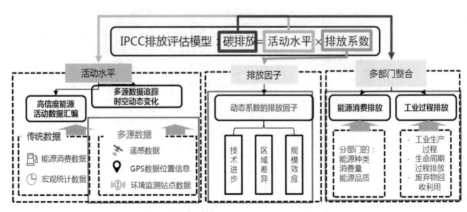

图 1-18　清华大学地球系统科学系碳排放计算公式的延伸

1.1.4　碳排放的应对措施

相对于其他污染物来说，减少碳排放是相对困难的，一方面碳排放与人们生活息息相关，另一方面相关的技术手段不足。目前，主要有五种方式应对碳排放过多的情况，如图 1-19 所示。

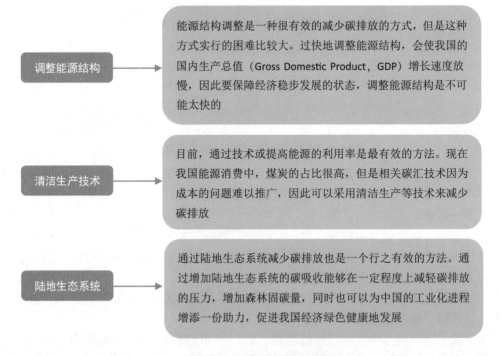

图 1-19　碳排放的应对措施

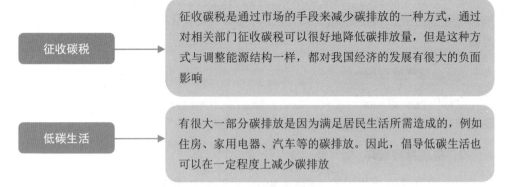

图1-19　碳排放的应对措施（续）

 专家提醒

碳汇技术是通过碳捕捉的技术将空气中的二氧化碳分离出来，然后采用一定的技术将碳存储起来，并封存在与大气相隔绝的地方。目前，碳捕捉技术相对成熟，但是碳存储技术比较薄弱。

1.2　气候变化概述

气候变化指的是在一段时间内气候的变化，当然这个时间并不是短短的一天、一个月，而是长期的，最长可以是几十亿年前到现在。一般来说，气候变化主要是通过不同时期的气温和降水来反映的。本节我们便来了解一下气候变化的基本情况。

1.2.1　气候变化的定义

气候变化的英文为Climate change，它不仅是指长期的全球或地区气候模式的变化，还包括变率的变化。

值得注意的是，气候变化有着不同的用法。在政府间气候变化专门委员会（IPCC）中，气候变化只考虑时间因素，也就是说，不管造成气候变化的原因是自然因素还是人为因素，IPCC中所说的气候变化指的是随着时间的变化而形成的任何变化。

而在1992年5月通过的《联合国气候变化框架公约》中，在给气候变化下定义时既考虑了自然因素，也考虑了人为因素。在该公约中，气候变化指的是在一段时间内，经由自然因素、人为因素而改变全球大气组成所导致的气候变化。

此外，在《联合国气候变化框架公约》中还将由人类活动而造成的气候变化与自然原因造成的气候变化区分开来，并且将气候变化的主要表现分为以下三个方面。

1. 全球气候变暖

全球气候变暖前面已经介绍过了，这里便不再赘述。但是，相较于酸雨、臭氧层破坏，全球气候变暖是当前更迫切的问题。

2. 臭氧层被破坏

臭氧由德国博士先贝因（Schanbein）于 150 多年前提出并命名。在距地面 20 ~ 50 千米的大气中的臭氧浓度最大，我们称此范围为臭氧层，它可以保障氧气与臭氧之间转换的动态平衡。

臭氧层主要有 3 个作用。

一是保护作用。臭氧层能够吸收一些对人体有害的紫外线，而对人体危害较小的紫外线则能够辐射到地面，因此臭氧层像是保护伞一样保护着人类。

由于气候的变化，臭氧层被破坏，出现了臭氧层空洞，那些对人体危害较大的紫外线便穿过臭氧层直接辐射到了地面，进而对地球上的动植物造成一定的影响，如图 1-20 所示。

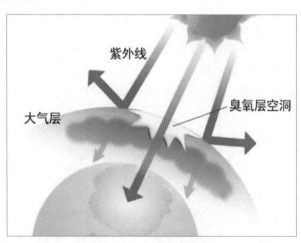

图 1-20　臭氧层空洞

二是加热作用。臭氧层可以将吸收的紫外线转换成热能进而为大气加热，而大气的温度对大气的循环有着重要影响。

三是温室气体的作用。大气结构分为对流层、平流层、高层大气，如图 1-21 所示。由图 1-21 可以看出，在对流层的上部、平流层的底部的气温是相对较低的，而在这一高度，臭氧便起了温室气体的作用。如果这一高度的臭氧减少，地面气温就会下降，这是由于缺少臭氧层无法有效吸收紫外线照射地面所致。

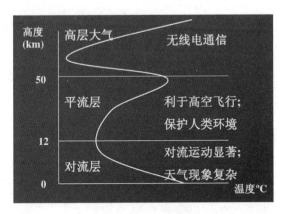

图 1-21　大气结构

了解了臭氧层的作用后，我们便可以知道臭氧层被破坏的危害了。臭氧层被破坏的危害主要包括以下几点，如图 1-22 所示。

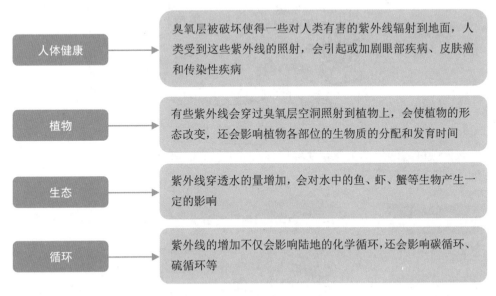

人体健康	臭氧层被破坏使得一些对人类有害的紫外线辐射到地面，人类受到这些紫外线的照射，会引起或加剧眼部疾病、皮肤癌和传染性疾病
植物	有些紫外线会穿过臭氧层空洞照射到植物上，会使植物的形态改变，还会影响植物各部位的生物质的分配和发育时间
生态	紫外线穿透水的量增加，会对水中的鱼、虾、蟹等生物产生一定的影响
循环	紫外线的增加不仅会影响陆地的化学循环，还会影响碳循环、硫循环等

图 1-22　臭氧层被破坏的危害

3. 酸雨

酸雨即酸性沉降，指的是 pH（Pondus Hydrogenii，氢离子浓度指数）值小于 5.6 的大气降水，包括雨、雪、雾、雹等，主要分为湿沉降、干沉降两类，如图 1-23 所示。下面来看一下酸雨的形成及其危害。

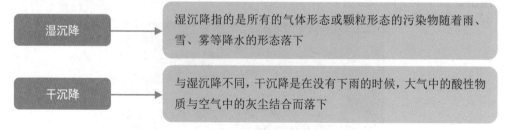

| 湿沉降 | 湿沉降指的是所有的气体形态或颗粒形态的污染物随着雨、雪、雾等降水的形态落下 |
| 干沉降 | 与湿沉降不同，干沉降是在没有下雨的时候，大气中的酸性物质与空气中的灰尘结合而落下 |

图 1-23 酸雨分类

1）酸雨的形成

酸雨主要是二氧化硫、氮氧化物和碳氧化合物在空气中与水进行了一定的化学反应而形成的，如图 1-24 所示。

图 1-24 酸雨的形成

形成酸雨的气体主要有两种来源：一种是天然排放；另一种是人工排放，如图 1-25 所示。

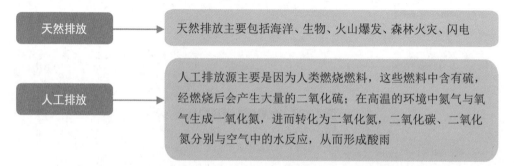

| 天然排放 | 天然排放主要包括海洋、生物、火山爆发、森林火灾、闪电 |
| 人工排放 | 人工排放源主要是因为人类燃烧燃料，这些燃料中含有硫，经燃烧后会产生大量的二氧化硫；在高温的环境中氮气与氧气生成一氧化氮，进而转化为二氧化氮，二氧化碳、二氧化氮分别与空气中的水反应，从而形成酸雨 |

图 1-25 酸雨形成的来源

2）酸雨的危害

酸雨又被称作空中死神，可见其危害之大。图 1-26 所示为下过酸雨后的树林。

图 1-26 下过酸雨的树林

此外，酸雨的危害是多方面的，主要包括人体健康、生态系统、建筑设施等，如图 1-27 所示。

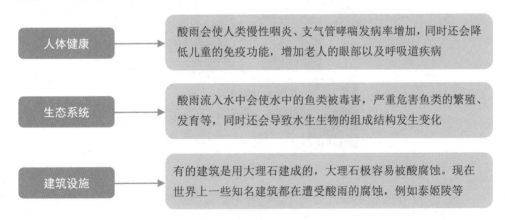

人体健康	酸雨会使人类慢性咽炎、支气管哮喘发病率增加，同时还会降低儿童的免疫功能，增加老人的眼部以及呼吸道疾病
生态系统	酸雨流入水中会使水中的鱼类被毒害，严重危害鱼类的繁殖、发育等，同时还会导致水生生物的组成结构发生变化
建筑设施	有的建筑是用大理石建成的，大理石极容易被酸腐蚀。现在世界上一些知名建筑都在遭受酸雨的腐蚀，例如泰姬陵等

图 1-27 酸雨的危害

1.2.2 气候变化的原因

气候变化主要是由两个方面的因素引起的，一方面是自然因素，另一方面是人为因素，如图 1-28 所示。

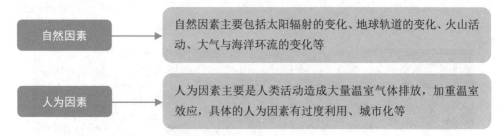

自然因素 → 自然因素主要包括太阳辐射的变化、地球轨道的变化、火山活动、大气与海洋环流的变化等

人为因素 → 人为因素主要是人类活动造成大量温室气体排放，加重温室效应，具体的人为因素有过度利用、城市化等

图 1-28　引起气候变化的因素

1.2.3　气候变化的应对

气候不是一成不变的。迄今为止，气候出现了三种不同的变化。在距今 22 亿年至 1 万年前的地质时期，气候出现了冰期与温暖期交替；在近 1 万年前的历史时期出现了温暖期与寒冷期交替；而在近现代时期，全球的气候变化以全球变暖为主，如图 1-29 所示。

为了有效地阻止全球气候变暖，控制气候变化带来的危害，早在 1979 年，世界各国便在瑞士日内瓦召开了第一次世界气候大会。此次大会使得人们开始重视气候变化。

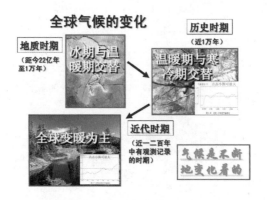

图 1-29　三种气候变化

在 1992 年的联合国大会上，人们开始重视温室气体排放问题。本次大会通过了《联合国气候变化框架公约》，在 1997 年日本京都召开的第二次缔约国大会上通过了《京都议定书》。《京都议定书》是《联合国气候变化框架公约》的补充条款。

2015 年 12 月，世界各国在法国巴黎发布了《巴黎协定》。该协定与《京都协议书》并行，是在《联合国气候变化框架公约》的基础上更新的一个关于气候变化的协议。

从 1992 年至今，温室气体排放问题一直被世界各国所重视。图 1-30 所示为气候变化协议发展图。

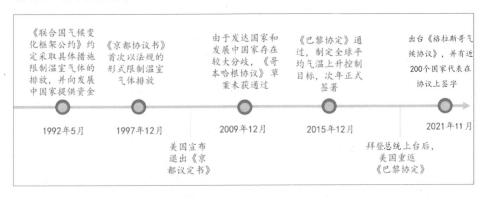

图 1-30　各国对于温室气体的排放问题应对政策

第 2 章

碳达峰与碳中和

学前提示

碳排放过多会导致温室效应、冰川消融等多种问题。而我国是全球碳排放量最大的国家，为了减少碳排放，我国在 2020 年 9 月提出了碳达峰与碳中和的目标。本章我们就了解一下碳达峰与碳中和。

2.1 什么是碳达峰、碳中和

什么是碳达峰、碳中和呢？两者的关系又是怎样的？提出碳中和的意义有哪些？怎样实现碳中和？本节就为大家介绍其具体内容，帮助大家更快地了解碳达峰、碳中和。

2.1.1 碳达峰与碳中和的概念

我国很早就开始关注节能减排的问题，在 2005 年的"十一五"规划纲要中就已经提出了节能减排的相关要求。

而碳达峰与碳中和则是我国为了进一步减少碳排放，在 2020 年 9 月的第 75 届联合国大会一般性辩论上提出的目标，即在 2030 年实现碳达峰，在 2060 年实现碳中和，具体内容如下。

1．碳达峰

碳达峰指的是在 2030 年温室气体的排放量达到历史最高值，然后开始逐渐回落，如图 2-1 所示。

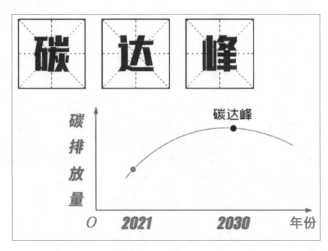

图 2-1 碳达峰示意图

2．碳中和

碳中和是指通过植树造林、节能减排等形式来抵消二氧化碳或温室气体的排放量，实现正负抵消，最终达到碳的相对"零"排放。简单来说，碳中和就是指碳的排放和吸收达到平衡，两者在水平秤上平衡，如图 2-2 所示。

图 2-2　碳中和示意图

2.1.2　碳达峰与碳中和的关系

了解了碳达峰和碳中和之后，我们来看一下这两者的关系，主要有以下三点，如图 2-3 所示。

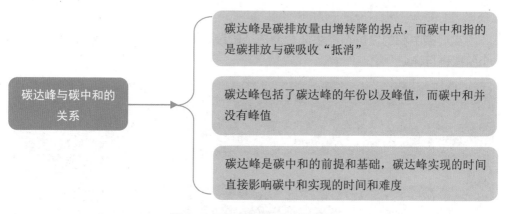

碳达峰与碳中和的关系

- 碳达峰是碳排放量由增转降的拐点，而碳中和指的是碳排放与碳吸收"抵消"
- 碳达峰包括了碳达峰的年份以及峰值，而碳中和并没有峰值
- 碳达峰是碳中和的前提和基础，碳达峰实现的时间直接影响碳中和实现的时间和难度

图 2-3　碳达峰与碳中和的关系

2.1.3　碳中和的意义

碳排放量过多，将会导致一系列气候、环境、生态问题，其中以温室效应最直接且严重。

为了能够将全球的气温上升幅度控制住，全球对碳的使用量做了一个预算，而早在 2011 年，全球就已经用掉了 52% 的预算额度。如果不加以限制，碳的排放量会在 2045 年面临超支的情况，温室效应会更加明显，如图 2-4 所示。

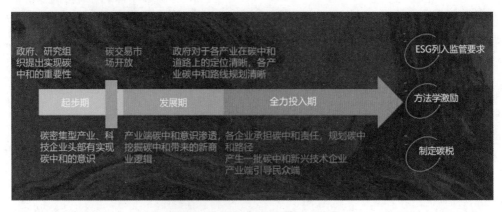

图 2-4　全球碳排放预算

　　因此，提出碳达峰、碳中和目标，控制碳排放量对全球的经济发展、人类的生存有着长远且重要的意义。

2.1.4　实现碳中和的三个阶段

　　实现碳中和的发展路径主要分为三个阶段，如图 2-5 所示。下面针对这三个阶段进行详细介绍。

政府、研究组织提出实现碳中和的重要性　　碳交易市场开放　　政府对于各产业在碳中和道路上的定位清晰，各产业碳中和路线规划清晰　　ESG列入监管要求

起步期　　发展期　　全力投入期　　方法学激励

碳密集型产业、科技企业头部有实现碳中和的意识　　产业端碳中和意识渗透，挖掘碳中和带来的新商业逻辑　　各企业承担碳中和责任，规划碳中和路径 产生一批碳中和新兴技术企业 产业端引导民众端　　制定碳税

图 2-5　实现碳中和的三个阶段

1. 第一阶段（2020—2030 年）

　　第一阶段属于起步期，目前我国正处于这个阶段。在这一阶段的主要目标是为了实现碳达峰。那么，这一阶段的主要任务有哪些呢？具体内容如图 2-6 所示。

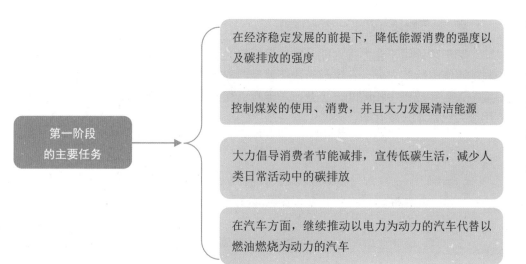

图 2-6 我国第一阶段的主要任务

2. 第二阶段（2030—2045 年）

第二阶段属于发展期，这一阶段的主要目标是为了快速降低我国的碳排放。这一阶段主要通过两个途径来实现目标，具体内容如图 2-7 所示。

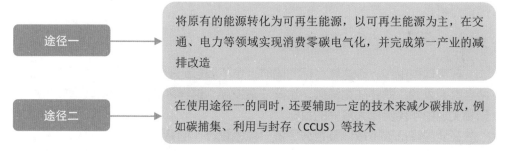

图 2-7 我国第二阶段的减排途径

专家提醒

CCUS(carbon capture, utilization and storage)，是碳捕获、利用与封存的简称。该技术不仅是封存，还是为了实现碳的循环再利用。目前，该技术已经是全球应对气候变化的关键技术之一，受到各国高度重视。

3．第三阶段（2045—2060 年）

第三阶段属于全力投入期，主要目标是为了完成碳中和，实现碳排放与碳吸收的平衡。除此之外，在这一阶段还要完成深度脱碳、参与碳汇的目标。而在深度脱碳到完成碳中和期间，工业、发电端、交通以及居民侧的高效、清洁能源利用潜力已基本开发完毕。

专家提醒

　　碳汇（carbon sink）出自《联合国气候变化框架公约》，主要指的是森林吸引并储存二氧化碳的能力，可以分为森林碳汇、草地碳汇等，其功能主要是为了减少温室气体在大气中的浓度，缓解全球气候变暖的困境。

2.2　实现碳中和的原则

在实现碳中和和碳达峰的过程中，一定要坚持一定的原则，如把握好降碳与发展的关系、把握好碳达峰与碳中和的节奏、把握好不同行业的降碳路径、把握好公平与效率的关系、把握好国内发展与国际合作的关系，本节针对这些原则作简要介绍。

2.2.1　把握好降碳与发展的关系

在实现碳中和、碳达峰目标的同时，也不要忘记把握好降碳与发展的关系。两者都要兼顾，既要注重降碳，也要注重发展，这样才能更好地实现建设美丽中国和实现中华民族伟大复兴的目标。

在全国降低碳排放以及世界经济"绿色复苏"的背景下，我国应该选择一个对发展影响小且最具有可持续性的低碳发展方向，同时还要探索并建立碳排放的预留机制，从而在必要的时期能够有一定的预留容量，避免丧失发展的机遇。

2.2.2　把握好碳达峰与碳中和的节奏

在实现"双碳"目标的过程中还要把握好节奏。碳达峰是碳中和的前提，当我国提前并实现高质量碳达峰时，就能够很好地帮助我国尽快实现碳中和。在实现高质量碳达峰的过程中，不能够脱离我国的国情而过分地追求提前完成碳达峰。这样不仅会增加实现"双碳"目标的成本，还会给我国的经济发展带来负面影响。

政府在充分考虑了我国的具体国情后，在"十四五"规划的纲要草案中明确指出，在实现"双碳"目标的过程中，应该实施以控制碳排放的强度为主，以控制碳排放的总量为辅的制度。

在我国实现"双碳"目标的过程中，以"30·60"的目标为基础，一些条件比较成熟的地区可以提前实现碳达峰，但是也不能过于贪早，从而打乱实现"双碳"目标的节奏。

2.2.3 把握好不同行业的降碳路径

不同行业中碳的使用情况、技术路线、产品性质、用能方式的差异，导致不同行业的碳排放不尽相同，发挥的作用也不相同。所以在实现"双碳"目标的过程中，要根据不同行业中实现"双碳"目标的难易程度、减排影响程度以及相关的成本情况，然后制定最好、最经济的降碳路径。

根据 2020 年碳排放的比率来看，电力部门的排放量最大，占比为 37%；其次为工业部门，占比为 34%，工业过程中排放量占比为 12%；最后建筑部门和交通部门的排放量相对较少，占了总量的 9%。

在这些行业部门中，以电力部门和建筑部门的减碳基础较好，要尽快推进这两个部门实现碳达峰。而在工业部门中，要推动冶金、炼油等高能耗行业快速实现碳达峰。值得注意的是，在未来的碳中和阶段，电力、工业、交通这三个部门仍然是减排的主力。

2.2.4 把握好公平与效率的关系

在实现"双碳"目标的时候，还应该把握好公平和效率的关系。一般来说，促进"双碳"目标实施，通常会采用市场手段和行政手段相结合的方式。只有当两者相结合时，才能更好地提高实现"双碳"目标的效率。

不同行业存在着一定的差异性，在实现"双碳"目标的过程中不能"一刀切"。不同行业还有着多种企业类型，如私营企业、国有企业、外资企业；在实施相应计划时应该一视同仁，在同一标准和尺度下展开工作，不可厚此薄彼。

2.2.5 把握好国内发展与国际合作的关系

值得注意的是，全球各个国家组成了一个整体。随着经济全球化的发展，各个国家的联系越来越紧密。因碳排放过多而造成的气候环境变化不仅会影响本国的发展，还会对全球各个国家的发展都产生影响。

在实现"双碳"目标的时候，不仅要关注本国的发展情况，还要把握好国内发展与国际合作的关系，顺应全球低碳经济的发展趋势，建设性地参与和引领应对气候变化的国际合作。

另外，为能够更快、更好地实现碳达峰与碳中和，还需要坚持以下几点原则，如图 2-8 所示。

实现碳达峰与碳中和
需要坚持的原则

坚持我国的新发展理念，即创新、协调、绿色、开放、共享

坚持安全、低碳、经济、便捷。前三者是经济发展的基本要求，最后一个是以"以人为本"为出发点

坚持因地制宜的原则。全国各地有发展的不同以及地区的差异性，所以在实现碳达峰、碳中和时，一定要了解各地的差异，因地制宜

坚持底线思维以及红线思维。底线思维指的是保障能源安全的底线，红线思维是要确保生态文明建设，协调推进碳达峰、碳中和的进程

坚持全国"一盘棋"的原则。我国幅员辽阔、市场空间大、资源状况不平衡，区域间发展不平衡，因此实现碳达峰、碳中和一定要做好时间、空间规划

图 2-8　实现碳达峰与碳中和需要坚持的原则（资料来源：能源研究俱乐部发布的《碳中和目标下中国电力转型战略思考》一文）

2.3　实现碳中和的关键要素

全球气候变暖所带来的危害，我们每一个人都逃不了，但是国家、企业、个人要发展和生活，都会造成碳排放，那么我们应该在不影响国家、企业发展以及个人生活的情况下怎么降低碳的排放呢？那便是实现碳中和，而要早日实现碳中和，还需要把握好技术可行、成本可控、政策引导这三个关键要素。

2.3.1　技术可行

技术不仅是推动国家企业发展的关键要素，也是帮助国家、企业实现碳中和

的关键要素。

技术对于实现碳中和是非常重要的，为什么这么说呢？一方面，我国的碳排放目前是比较高的国家之一，因此与其他国家相比，我国实现碳中和的目标距离还是很远的。

另一方面，在我国的能源结构中，煤、石油等传统化石燃料的比重非常大，可再生能源、清洁能源等比重较小，而且这些能源的应用与我国的经济发展联系紧密。所以，要想早日实现碳中和，且在不影响国家经济发展的情况下，相关的技术发展是非常重要的。

目前，在我国经济发展中，一些高能耗、高排放的行业尤为重要，这就要求这些高能耗、高排放的企业在保持稳步发展的情况下，将先进减碳技术作为依托，才能更快、更好地实现碳中和。

相关的低碳技术主要有 CCUS 技术、可再生能源技术、电气化技术、信息技术等。另外，这些技术将在未来的碳排放上发挥重要作用。

前面已经讲过 CCUS 技术是全球应对气候变化的关键技术之一，下面我们便来了解一下这项技术。

CCUS 技术分为四步，分别是二氧化碳来源识别、二氧化碳捕集和分离、二氧化碳压缩和运输、二氧化碳利用，如图 2-9 所示。

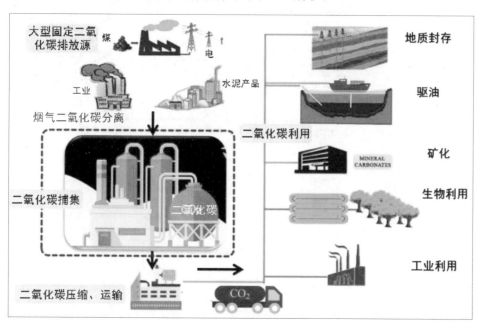

图 2-9　CCUS 技术流程

CCUS 技术还分为以下三种，如图 2-10 所示。

图 2-10　CCUS 技术类型

1．碳捕获技术

碳捕获技术主要包括三项，分别是点源 CCUS 技术（CCUS from Point Sources）、生物能碳捕获与封存技术（BECCS，bioenergy with carbon capture and storage）和直接空气碳捕获与封存技术（carbon capture and storage，CCS）。图 2-11 所示为点源碳捕获途径。

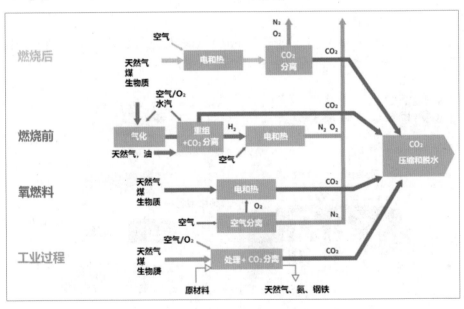

图 2-11　点源碳捕获途径

2．碳封存技术

碳封存技术主要包括利用含水层封存 CO_2、强化采油技术（enhanced oil recovery，EOR）两种。其中，强化采油技术是提高油气采收的一系列技术，如图 2-12 所示。

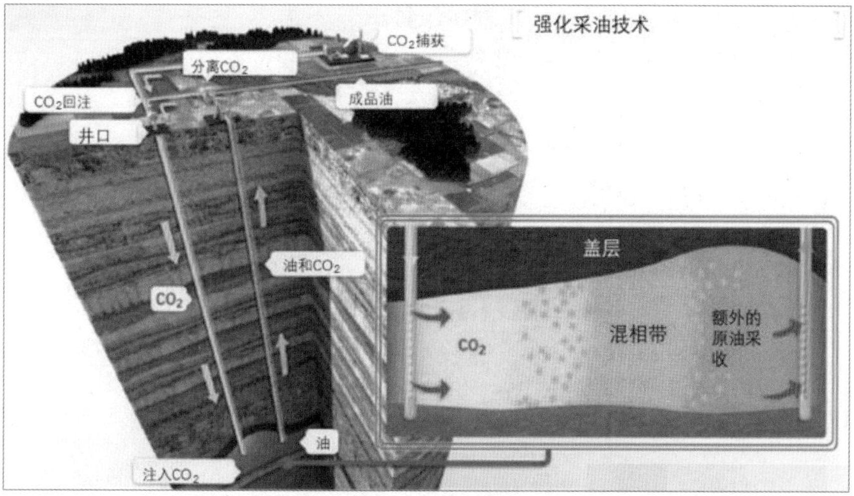

图 2-12　强化采油技术

专家提醒

凡透水性能好、空隙大的岩石以及卵石、粗砂、疏松的沉积物、富有裂隙的岩石、岩溶发育的岩石均可为含水层。

3．碳利用技术

碳可以用于三个领域，分别是化学、生物、矿化。其创造的产品包括灭火器、制冷干冰、碳酸饮料等，如图 2-13 所示。由图 2-13 中可以看出，碳主要的利用领域为化学，生物方面的运用最少。

目前，碳利用还有着很大的市场以及潜在的需求，其产品包括骨料、混凝土、甲醇、乙醇、碳酸钠、碳酸钙、聚合物，其中骨料、混凝土的需求量最大，如表 2-1 所示。

值得注意的是，表 2-1 中带有 * 的产品，对于二氧化碳的利用只有在它取代石油化工产品时才能带来净效益。

通过对 CCUS 技术的介绍，可以看出，该技术能够很好地帮助一些高能耗企业提高资源的利用率，减少碳的排放量。

可再生技术以及电气化技术的发展能够帮助国家淘汰掉传统的化石燃料，并推动可再生能源、清洁能源的使用，调整国家的能源结构。此外，大数据、物联网、人工智能等信息技术也能够帮助各国在节能减排上出一份力。

因为我国相关技术研究起步较晚，所以技术还不够成熟，大部分技术处于前期研究的阶段，对于节能减排的贡献还比较小。

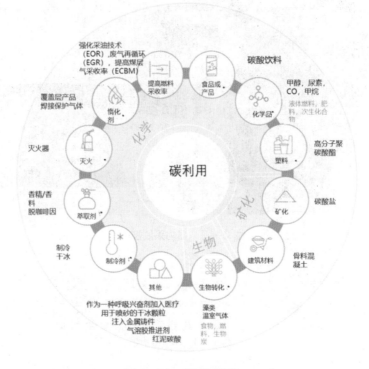

图 2-13　碳利用技术

表 2-1　碳利用产品（全球性地区数据）

产品	价格 /($/t)	需求 /(Mt/ 年)	CO_2 利用 /(tCO_2/t)
骨料	10	55000	0.25
混凝土	100	20000	0.025
甲醇	350	140	1.37
乙醇	475	100	1.91
碳酸钠	150	60	0.42
碳酸钙	200	10	0.44
聚合物 *	1900	24	0.08

（来源：联合国欧盟经济委员会（UNECE）发布的《碳捕获、利用与封存（CCUS）》报告）

2.3.2　成本可控

相关低碳技术的发展能够在很大程度上推动我国技术的发展和低碳生活的进

程，但是这个技术的发展和研究成本需要企业来承担。而这会加大企业生产的成本，从而导致产品丧失市场竞争力。

技术的应用不仅会增加产业链各个环节的成本，还会增加最终产品的成本，因此在降低碳排放、经济稳步发展的基础上以及技术可行的前提下，做到成本可控才能更好地实现碳达峰、碳中和。

未来，零碳经济的实现将会彻底重构产业链，这也就意味着价值链的全面转型，但是绿色低碳转型会大幅提高相关成本。下面从几大高能耗、高排放的控排行业来看转型的成本问题。

1．钢铁行业

在钢铁行业中，燃料是与碳排放关联最大的一个方面，燃料的成本也是与节能减排关系最大的成本之一。因此，燃料成本的降低是国家在钢铁行业推动节能减排时需关注的重点。

在钢铁行业中，相关技术方法的研发和应用使得该行业的成本加大，例如废钢电弧炉炼钢法、CCUS 技术等，这些技术加大了企业的电力、回收废钢、技术的研发和应用等成本，而成本的增加势必影响产品的价格。图 2-14 所示为废钢电弧炉炼钢法。

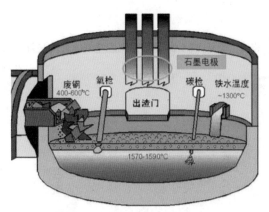

图 2-14　废钢电弧炉炼钢法

相关低碳技术的应用虽然会增加成本，但是这也是短时间的。从长远来看，这些技术所带来的经济效益一定还会抵消其自身的成本，甚至在此基础上还会产生一定的净收益。

2．电力行业

在电力行业，其市场主要包括火电、风力、核电、水电、地热、太阳能等，如图 2-15 所示。

图 2-15　电力市场

在电力行业中，煤炭的成本更具有优势，但是其碳排放的数量是最大的。因此，虽然煤炭具有价格优势，但是从长远来看是不可取的。未来风能、太阳能可以使电力行业中的边际减排成本降到 0 甚至是负值。

值得注意的是，不同的减排技术，成本不一样，如图 2-16 所示。由图 2-16 可以看出，天然碳汇的成本是最低的。

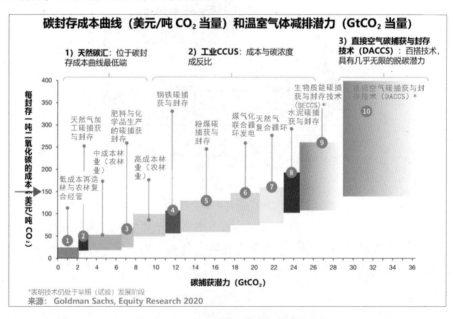

图 2-16　不同减排技术的成本对比

2.3.3　政策引导

由于时间紧、任务重，因此在实现"双碳"目标时一定要有政策的引导。碳中和目标的提出意味着碳排放的标准会越来越严格，当企业面对严格的标准时，往往难以积极主动地去参与到实现碳中和的目标中来。

再加上低碳技术项目由于建设周期长、经济效益不确定等问题，在市场中很难受到投资者的青睐。因此，需要政府不断地完善相关的法律法规政策，给积极参与的企业、机构一些补贴，并充分发挥政府部门的"指挥棒"作用，才能更好地约束全社会都投身到实现"双碳"目标的计划中来。

目前，很多省市都出台了政策措施进行引导，如云南省的《关于 2022 年稳增长的若干政策措施》，具体内容如下。

（二十）支持重点园区优化提升。力争发行不低于 200 亿元地方政府专项债券，用于标准化现代产业园区建设。对列入园区循环化改造清单的项目，优先争取中央预算内资金支持。选取 5 个园区开展清洁生产改造先进技术应用示范，每个示范点给予 200 万元奖励。对成功创建为国家绿色低碳示范园区、循环化改造示范园区、绿色低碳工业园区、生态工业示范园区的，给予一次性 500 万元奖励。对新增工业产值超 1000 亿元、超 500 亿元的园区，分别给予一次性 1000 万元、500 万元奖励和新增建设用地计划指标激励。对园区内符合条件的重大技术改造项目给予贷款贴息、担保费补助或股权投资支持。（牵头单位：省发展改革委、省工业和信息化厅、省科技厅、省财政厅、省自然资源厅、省生态环境厅、省商务厅）

又如，上海徐家汇区发布的《徐汇区节能减排降碳专项资金管理办法》，其具体内容如图 2-17 所示。

此外，我国的相关部门还针对节能减排方面出台了多项政策，如生态环境部出台的《企业温室气体排放报告核查指南（试行）》等。表 2-2 所示为我国节能减排部分相关政策。

值得注意的是，针对不同的行业，不同的部门和地区也出台了相关政策，如国家能源局在 2020 年出台了《关于加强储能标准化工作的实施方案》《绿色建筑创建行动方案》。表 2-3 所示为能源行业相关政策。

（一）鼓励产业节能减排降碳

1. 企业实施节能技改及产品应用项目，并实现明显的节能减排降碳效果的，按项目实现的年节能量给予每吨标准煤1200元的扶持，或按项目投资额中用于实现节能减排降碳功能部分给予20%的扶持。以上扶持最高不超过300万元。

2. 企业获市级节能技改、清洁生产、循环经济项目扶持的，根据企业对本区节能减排降碳的贡献，最高按1:1比例给予最高不超过300万元的区级资金匹配。

（二）鼓励建筑节能减排降碳

1. 企业在本区范围内实施建筑节能项目，且被列入上海市绿色建筑、整体装配式住宅建筑、既有建筑节能改造、超低能耗建筑、可再生能源与建筑一体化示范项目等建筑节能和绿色建筑示范项目的，根据项目对本区节能减排降碳的贡献，最高按1:0.5比例给予区级资金匹配。单个示范项目最高不超过300万元。

2. 企业在本区范围内实施既有大型公共建筑节能改造，单位建筑面积能耗下降不低于10%（按标准煤折算），经认定的，按受益面积每平方米不超过10元的标准给予补贴；或实现年节能量30吨标准煤以上，经认定的，按实现的年节能量给予最高每吨标准煤1200元的补贴。单个项目最高按项目投资总额的30%，给予最高不超过200万元的扶持。

3. 采用调适、用能托管等建筑节能创新模式的楼宇节能低碳项目，单位建筑面积能耗下降不低于10%（按标准煤折算），经认定的，按受益面积每平方米不超过7.5元的标准给予补贴，单个项目最高不超过100万元。

4. 申请以上建筑领域节能减排降碳补贴的大型公共建筑，原则上应实施建筑用能分项计量，并与本区（市）国家机关办公建筑和大型公共建筑能耗监测平台数据联网且数据交互情况良好。

5. 单个建筑项目同一年度只能享受其中一项补贴。

（三）鼓励合同能源管理模式

1. 企业在本区采用合同能源管理模式，投资实施节能技改、节能产品应用项目，并实现明显的节能减排降碳效果的，按项目实现的年节能量给予每吨标准煤1200元的扶持，或按项目投资额中用于实现节能减排降碳功能部分的20%。以上扶持最高不超过100万元。两家及以上企业共同出资实施合同能源管理项目的，投资额在申报企业实际投入范围内认定，同一项目限一家企业申报本项补贴。

2. 对符合上述合同能源管理项目补贴扶持条件的企业，根据项目规模，对项目前期诊断费用投入给予一次性补贴，按节能量200元/吨标准煤给予节能服务公司补贴，单个项目补贴金额最高不超过6万元。

（四）鼓励可再生能源和新能源发展

1. 对本区范围内新建并网的分布式光伏项目，按项目并网验收规模给予1000元/千瓦的扶持，或按项目实际投资额给予20%的扶持。以上扶持最高不超过200万元。对于新建项目可在项目正式开工后和完成并网验收两阶段，按照3:7比例给予扶持。如项目停止建设，根据具体情况，由主管部门负责收回已拨付的资金。

2. 对获得市级一次性补贴，并制定小区新能源汽车共享充电管理制度的共享充电桩示范小区，给予不超过1:0.5的一次性区级资金匹配，用于补充小区公共收益。

（五）鼓励试点示范项目创建

1. 对成功创建国家节约型公共机构、国家绿色商场、国家或市级低碳社区、国家或市级低碳发展实践区、国家或市级绿色生态城区等节能降碳试点示范项目的单位，经认定，按创建费用的实际支出金额，给予最高不超过20万元的补贴。

2. 旅游饭店业企业成功创建金叶级、银叶级绿色饭店的，分别给予20万元、10万元奖励。

图2-17 《徐汇区节能减排降碳专项资金管理办法》

3. 鼓励重点用能单位创建能效"领跑者"，对获得市级能效"领跑者"称号的企业，给予最高不超过20万元的一次性奖励。

4. 对成功创建国家级或市级的绿色工厂、绿色园区、绿色供应链、绿色产品设计的企业，按项目总投资的20%，给予最高不超过20万元的补贴。

（六）加强节能管理能力建设

1. 对企业首次获得节能产品、能源管理体系等认证的，给予最高不超过10万元奖励；对实施能源计量器具配置项目并通过能源计量审查的重点用能企业，给予最高不超过10万元的奖励。

2. 对重点用能单位、产业园区管理机构建立能源管理中心，经市经济信息化委组织验收通过的，经认定，按市级有关规定，给予配套补贴，单个项目最高不超过50万元。

3. 重点用能企业接入市级重点用能企业监测平台并获市级资金补贴，给予最高1∶1的区级资金匹配，单个项目补贴金额最高不超过20万元。

4. 继续开展区国家机关办公建筑和大型公共建筑能耗监测系统平台系统软件升级、深度开发及运维项目。对达到建筑综合能耗指标先进值的，且其建筑分项计量与本区能耗监测平台数据联网的本区公共建筑，给予20万元的一次性奖励。

5. 大型节能公益宣传活动类项目、节能先进产品推广惠民类项目，经认定，可对实际投入给予适当补贴，按实际支出金额的50%，给予最高不超过20万元的补贴。

（七）其他

对本区分项计量和能耗监测平台建设及运维、节能减排降碳宣传培训、节能减排降碳课题研究等基础能力提升类项目，按实际发生费用予以支持。用于国家和上海市明确要求区财政给予政策支持的节能减排降碳事项，以及区政府确定的其他用途。

图 2-17　《徐汇区节能减排降碳专项资金管理办法》（续）

表 2-2　我国部分节能减排相关政策

部门	时间	政策	内容
生态环境部	2021 年 3 月	《企业温室气体排放报告核查指南（试行）》	确定了省级重点排放单位温室气体检查的原则、工作方式和要点
生态环境部	2021 年 3 月	《关于加强企业温室气体排放报告管理相关工作的通知》	明确了温室气体排放报告的规范：具体行业、企业的排放配额
发改委等六部门	2020 年 5 月	《关于营造更好发展环境支持民营节能环保企业健康发展的实施意见》	围绕营造公平开放的市场环境、完善稳定普惠的产业支持政策、推动提升企业经营水平、畅通信息沟通反馈机制四个方面，提出了十二条支持民营节能环保企业健康发展的政策措施
发改委等七部门	2019 年 3 月	《绿色产业指导目录（2019 年版）》	将有限的政策和资金引导到对推动绿色发展最重要、最关键、最紧迫的产业，包括节能环保、清洁生产、清洁能源、生态环境产业、基础设施绿色升级和绿色服务六大类

续表

部门	时间	政策	内容
发改委	2019 年11 月	《产业结构调整指导目录 (2019 年本)》	目录分为鼓励类 (增加 60 项)、限制类 (减少 8 项) 和淘汰类 (增加 17 项)；以供给侧结构性改革为主线，以构建现代产业体系为目标，以制造业高质量发展为重点
发改委、司法部	2020 年3 月	《关于加快建立绿色生产和消费法规政策体系的意见》	到 2025 年，绿色生产和消费相关的法规、标准、政策进一步健全，激励约束到位的制度框架基本建立，绿色生产和消费方式在重点领域、重点行业、重点环节全面推行，我国绿色发展水平实现总体提升
科技部	2021 年2 月	《国家高新区绿色发展专项行动实施方案》	在国家高新区率先实现联合国 2030 年可持续发展议程、工业废水近零排放、碳达峰、园区绿色发展治理能力现代化等目标，部分高新区率先实现碳中和

表 2-3　我国部分能源行业相关政策

部门 / 地区	时间	政策名称	内容
国家能源局	2020 年1 月	《关于加强储能标准化工作的实施方案》	"十四五"期间，形成较为科学、完善的储能技术标准体系，积极参与储能标准化国际活动，提高国际影响力和话语权
国家能源局、国家标准化管理委员会	2020 年9 月	《关于加快能源领域新型标准体系建设的指导意见》	解决各级政府推荐性标准界限不清，行业标准聚焦支撑能源主管部门履行行政管理、提供公共服务的公益属性不够突出，团体标准的发展空间和活力有待进一步释放等问题
国家能源局	2021 年3 月	《清洁能源消纳情况综合监管工作方案》	坚持问题导向和目标导向，督促有关地区和企业严格落实国家清洁能源政策，监督检查清洁能源消纳目标任务和可再生能源电力消纳责任权重完成情况；及时发现清洁能源发展过程中存在的突出问题，进一步促进清洁能源消纳，推动清洁能源行业高质量发展

部门 / 地区	时间	政策名称	内容
山西	2021 年 1 月	《政府工作报告》	推动煤矿绿色智能开采，推进煤炭分质分级梯级利用，抓好煤炭消费减量等量替代；开展能源互联网建设试点；光伏产业加快提升新型高效电池核心技术水平，构建"多晶硅 - 硅片 - 电池片 - 电池组件 - 应用系统"产业链
山西	2020 年 12 月	《山西省风电装备制造业发展三年行动计划 (2020—2022 年)》	大力发展风电装备制造业，积极参与风电基地建设，促进我省风电装备制造业与风电产业同步发展。到 2022 年年底，省内制造的风电整机装机总容量达到 600 万千瓦，实现翻一番的目标，带动省内发电机、法兰、塔筒、制动器等配套零部件生产企业的发展；拉动产值 100 亿元以上

2.4　碳达峰与碳中和的理论基础

为了更快更好地实现我国的"双碳"目标，需要为"双碳"行动提供坚实的理论基础。有了理论基础为指导，才能制定行之有效的政策，助推我国"双碳"工作。本节我们来看一下碳达峰与碳中和的理论基础。

2.4.1　思想基础

碳达峰与碳中和的思想基础可以用一句话来概括，那便是"绿水青山就是金山银山"，同时，该思想内容经过理论和实践的深化和升华，有力地促进了生态文明建设的进程。

"既要绿水青山，也要金山银山。宁要绿水青山，不要金山银山，而且绿水青山就是金山银山。"从这个理念中可以看出，在建设生态文明时，要把握好环境与发展、生态与财富的关系。

"绿水青山就是金山银山"理念有三大内涵，如图 2-18 所示。

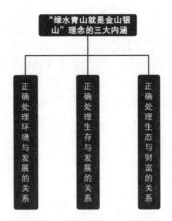

图 2-18 "绿水青山就是金山银山"理念的三大内涵

2.4.2 绿色发展政策依据

绿色发展的政策依据主要是《生态文明建设标准体系发展行动指南（2018—2020年）》，该行动指南架构了我国生态文明建设标准体系。此外，还提出了生态文明建设标准体系的发展目标，具体内容如下。

（三）发展目标

到 2020 年，生态文明建设标准体系基本建立，制（修）订核心标准 100 项左右，生态文明建设领域国家技术标准创新基地达到 3～5 个；生态文明建设领域重点标准实施进一步强化，开展生态文明建设领域相关标准化试点示范 80 个以上，形成一批标准化支撑生态文明建设的优良实践案例；开展生态文明建设领域标准外文版翻译 50 项以上，与"一带一路"沿线国家生态文明建设标准化交流与合作进一步深化。

生态文明建设标准体系框架包括国土空间布局、生态经济、生态环境、生态文化四个标准子体系，如图 2-19 所示。

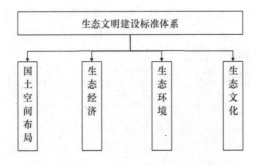

图 2-19 生态文明建设标准体系框架

第 3 章
国内外相关管理政策

学前
提示

　　减少碳排放、缓解温室效应、解决气候变化问题，是地球上每一个国家都应该做的事情。近年来，各个国家都开始采取不同的措施来解决这些问题。本章我们就来看一下国内外的相关管理政策。

3.1　国外碳中和管理

为了应对全球气候变化，各国开始重点关注碳排放。目前，已经有许多国家提出了碳中和目标并采取了相应的措施，如表 3-1 所示。

表 3-1　部分国家的减排目标及措施

国家 / 地区	目标日期	承诺性质	减排目标 / 措施
奥地利	2040 年	政策宣示	2030 年实现 100% 清洁电力，2040 年实现气候中立
加拿大	2050 年	政策宣示	2050 年净零排放目标，并制定具有法律约束力的五年一次的碳预算
智利	2050 年	政策宣示	2040 年之前逐步淘汰煤电，努力实现碳中和
中国	2060 年	政策宣示	2030 年之前达到碳排放峰值，2050 年实现碳中和
丹麦	2050 年	法律规定	2030 年起禁止销售新的汽油和柴油汽车，并支持电动汽车，2050 年建立"气候中性社会"
法国	2050 年	法律规定	2050 年实现碳中和目标
德国	2050 年	法律规定	2050 年之前"追求"温室气体中立
匈牙利	2050 年	法律规定	2050 年实现气候中和
冰岛	2040 年	政策宣示	冰岛已经从地热和水力发电获得了几乎无碳的电力和供暖，未来将逐步淘汰运输业的化石燃料、植树，恢复湿地
日本	21 世纪后半叶	政策宣示	2030 年，煤炭仍将供应全国四分之一的电力
新西兰	2050 年	法律规定	2050 年，生物甲烷将在 2017 年的基础上减少 24% ～ 47%
挪威	2050 年	政策宣示	2050 年在国内实现碳中和
葡萄牙	2050 年	政策宣示	2050 年实现净零排放目标
南非	2050 年	政策宣示	2050 年成为净零经济体
韩国	2050 年	政策宣示	2050 年之前使经济脱碳，并结束煤炭融资
西班牙	2050 年	法律草案	立即禁止新的煤炭、石油和天然气勘探许可证
瑞典	2045 年	法律规定	2045 年实现碳中和
瑞士	2050 年	政策宣示	2050 年之前实现碳净零排放
英国	2050 年	法律规定	2050 年实现净零排放目标

不同的国家和地区针对自己的国情、碳排放情况等采取了不同的措施，本节我们便来看一下国外关于碳中和管理的情况。

3.1.1　碳中和立法

通过法治手段来减少各企业的碳排放量，推进碳达峰、碳中和是现在国际社会上的一种普遍做法。下面我们来了解一下欧盟、欧洲主要国家、美澳日关于碳中和的相关法律措施。

1. 欧盟

欧盟（EU）诞生于 1993 年 11 月，是欧洲联盟的简称，总部位于比利时的首都布鲁塞尔，创始国有 6 个。图 3-1 所示为欧盟的建立过程。

图 3-1　欧盟的建立过程

欧盟一直是全球可持续发展潮流中的引领者，因此欧盟在碳中和方面也一直采取积极措施，出台立法政策便是其中一项。下面我们来看一下欧盟在碳中和方面的具体措施。

1）重要基础

2018 年，欧盟通过了《气候行动和可再生能源一揽子计划》法案，其内容主要包括以下 5 个方面。

- 欧盟排放权交易机制修正案。
- 欧盟成员国配套措施任务分配的决定。
- 碳捕获和储存的法律框架。
- 可再生能源指令。
- 汽车二氧化碳排放法规和燃料质量指令。

值得注意的是，这个计划是第一个有着法律约束力的欧盟减排计划，同时该计划也被认为是实现减缓气候变化目标的重要基础。

2）做好铺垫

2020 年 1 月 15 日，欧盟委员会通过《欧洲绿色协议》，提出欧盟到 2050 年实现碳中和的碳减排目标。该目标的提出为后来相关法律的出台和将碳中和目标写进法律做好了铺垫。

此外，该协议设计出欧洲绿色发展战略的总框架，行动路线图涵盖了诸多领域的转型发展，涉及经济领域的措施尤其多，包括能源、建筑、交通及农业等领域。

3）正式立法

2020 年 3 月，欧盟委员会发布《欧洲气候法》，以立法的形式确保到 2050 年实现气候中性的欧洲愿景，从法律层面为欧洲所有的政策确定了目标和努力方向，并建立法律框架帮助各国实现 2050 年气候中和目标。此目标具有法律约束力，所有欧盟机构和成员国将集体承诺在欧盟和国家层面采取必要措施以实现此目标。

2．欧洲主要国家

欧洲主要国家也针对温室气体的排放采取了相关措施。下面我们便来看看英国、德国、法国、瑞典这四个欧洲国家的措施。

1）英国

英国是最早开始也是最早结束工业革命的国家，因此其二氧化碳的排放问题、环境问题都受到广泛关注。在 1952 年，英国还出现了著名的"伦敦烟雾事件"，如图 3-2 所示。这次事件仅仅 4 天就导致 4000 人死亡，并且在之后的 10 年时间里，有 1200 人非正常死亡。

图 3-2　"伦敦烟雾事件"情景

为了防止此类事件再次发生，以应对气候变化的问题，英国采取了一系列立法措施，如图 3-3 所示。

2）德国

德国一直都在气候问题上表现得十分积极，早在 1987 年德国便成立了首个应对气候变化的机构，还在 1990 年成立了相关工作组。

德国在 21 世纪初也开始针对碳中和设立相应的法律，且德国在碳中和方面的法律体系具有系统性，一方面制定了一系列战略、规划和行动计划，另一方面还通过了一系列法律法规，如图 3-4 所示。

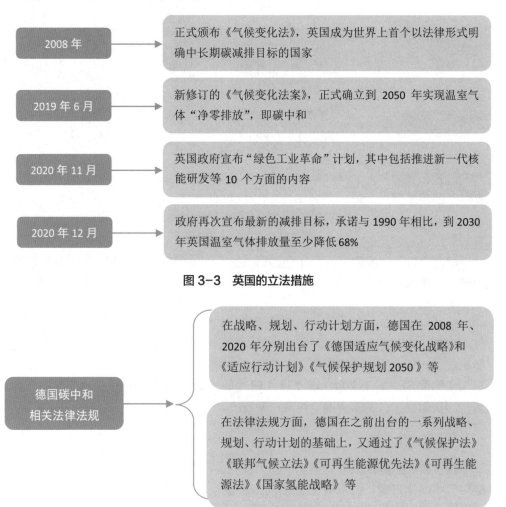

2008 年	正式颁布《气候变化法》，英国成为世界上首个以法律形式明确中长期碳减排目标的国家
2019 年 6 月	新修订的《气候变化法案》，正式确立到 2050 年实现温室气体"净零排放"，即碳中和
2020 年 11 月	英国政府宣布"绿色工业革命"计划，其中包括推进新一代核能研发等 10 个方面的内容
2020 年 12 月	政府再次宣布最新的减排目标，承诺与 1990 年相比，到 2030 年英国温室气体排放量至少降低 68%

图 3-3   英国的立法措施

| 德国碳中和相关法律法规 | 在战略、规划、行动计划方面，德国在 2008 年、2020 年分别出台了《德国适应气候变化战略》和《适应行动计划》《气候保护规划 2050》等 |
| | 在法律法规方面，德国在之前出台的一系列战略、规划、行动计划的基础上，又通过了《气候保护法》《联邦气候立法》《可再生能源优先法》《可再生能源法》《国家氢能战略》等 |

图 3-4   德国碳中和相关法律法规

值得注意的是，德国为了能够更好、更快地落实具体的行动计划，还在 2019 年通过了《气候行动计划 2030》。该计划明确规定了各个产业部门的具体行动措施。

3）法国

法国也越来越意识到气候变化以及温室气体排放过多带来的危害，对环境保护、可持续发展方面给予了重点关注。在相关的法律政策方面，法国分别采取了如图 3-5 所示的几种措施。

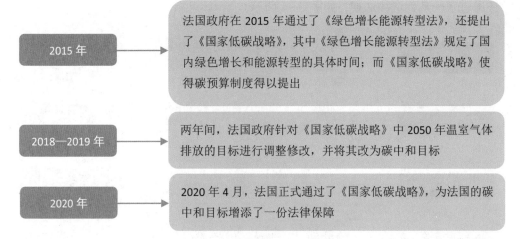

2015 年	法国政府在 2015 年通过了《绿色增长能源转型法》，还提出了《国家低碳战略》，其中《绿色增长能源转型法》规定了国内绿色增长和能源转型的具体时间；而《国家低碳战略》使得碳预算制度得以提出
2018—2019 年	两年间，法国政府针对《国家低碳战略》中 2050 年温室气体排放的目标进行调整修改，并将其改为碳中和目标
2020 年	2020 年 4 月，法国正式通过了《国家低碳战略》，为法国的碳中和目标增添了一份法律保障

图 3-5 法国的立法措施

除此之外，法国政府近几年还出台并实施了《多年能源规划》和《法国国家空气污染物减排规划纲要》。

4）瑞典

瑞典在 2017 年的时候公布了新的气候法律，即《气候新法》，提出要在 2030 年前实现交通运输部门减排 70% 的目标，并在 2045 年达到温室气体的零排放。此外，该部法律还规定了每届政府的义务。

《气候新法》于 2018 年 1 月 1 日生效，通过以法律的形式制定温室气体减排的长期目标，能够合理地约束未来政府。

3．美、澳、日

除了欧洲的国家以外，美国、澳大利亚、日本等发达国家在温室气体排放、应对气候变化方面，也采取了相应的法律措施，但是相对于欧洲国家来说，这些国家的策略比较保守。下面我们分别来看一下美国、澳大利亚、日本的相关措施。

1）美国

美国的碳排放量比较大，是一个碳排放大国。在 2021 年之前，美国先后退出《京都协议书》《巴黎协定》，但在拜登就任总统后，美国重新加入了《巴黎协定》，并积极落实《巴黎协定》，提出在 2050 年实现碳中和的目标。美国政府还计划在交通、建筑、电力和其他领域采取一系列措施，从而尽快实现碳中和和碳减排，具体内容如图 3-6 所示。

2）澳大利亚

在应对气候变化、减少碳排放方面，澳大利亚的态度相对来说比较消极，气候政策也有些摇摆不定，并且在一开始签订《京都协议书》时便持拒绝态度，直到 2007 年才签署。自 2018 年 8 月莫里森任职总理后，澳大利亚气候政策主要表现为以下三个方面，如图 3-7 所示。

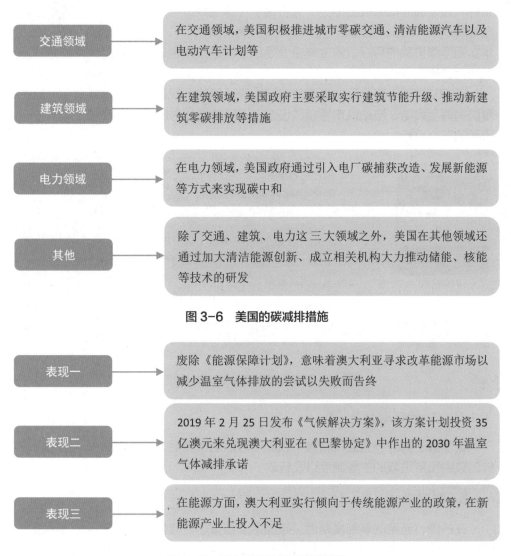

交通领域 → 在交通领域，美国积极推进城市零碳交通、清洁能源汽车以及电动汽车计划等

建筑领域 → 在建筑领域，美国政府主要采取实行建筑节能升级、推动新建筑零碳排放等措施

电力领域 → 在电力领域，美国政府通过引入电厂碳捕获改造、发展新能源等方式来实现碳中和

其他 → 除了交通、建筑、电力这三大领域之外，美国在其他领域还通过加大清洁能源创新、成立相关机构大力推动储能、核能等技术的研发

图 3-6 美国的碳减排措施

表现一 → 废除《能源保障计划》，意味着澳大利亚寻求改革能源市场以减少温室气体排放的尝试以失败而告终

表现二 → 2019 年 2 月 25 日发布《气候解决方案》，该方案计划投资 35 亿澳元来兑现澳大利亚在《巴黎协定》中作出的 2030 年温室气体减排承诺

表现三 → 在能源方面，澳大利亚实行倾向于传统能源产业的政策，在新能源产业上投入不足

图 3-7 澳大利亚的气候政策措施

3）日本

日本对于化石能源具有很强的依赖性，其温室气体的排放量也是相对较大的，其承诺在 2050 年实现碳中和，并在相关文件中进行了较为全面的技术部署。

在应对气候变化、减少温室气体排放方面，日本分别在 1997 年、2002 年颁布了《关于促进新能源利用措施法》《新能源利用的措施法实施令》等法规政策。值得注意的是，这些法规政策也可以看作是日本实现碳中和目标的法律依据。

在 2008 年以及 2009 年，日本还针对碳排放以及绿色经济发布了相关政策文件，如《面向低碳社会的十二大行动》《绿色经济与社会变革》等政策草案。在 2020 年 10 月，日本政府公布"绿色增长战略"，在战略中确认了在 2050 年实现净零排放的目标。该战略主要是想要通过技术创新、绿色投资两种方式来加速社会转型。

在 2020 年年底，日本政府公布了《脱碳路线图草案》。在该草案中，日本政府为海上风电、电动汽车等领域设定了不同的发展时间表，并提出了如图 3-8 所示的三个目标。

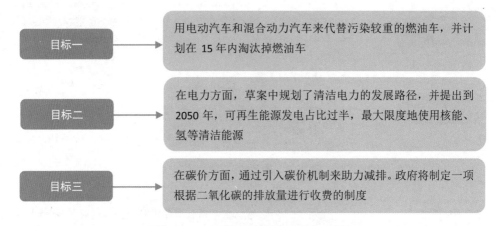

目标一 用电动汽车和混合动力汽车来代替污染较重的燃油车，并计划在 15 年内淘汰掉燃油车

目标二 在电力方面，草案中规划了清洁电力的发展路径，并提出到 2050 年，可再生能源发电占比过半，最大限度地使用核能、氢等清洁能源

目标三 在碳价方面，通过引入碳价机制来助力减排。政府将制定一项根据二氧化碳的排放量进行收费的制度

图 3-8 日本《脱碳路线图草案》的目标

3.1.2 主要制度及行动

在了解了国外一些国家在碳中和立法方面的措施后，下面来看一下各个国家针对碳中和所采取的主要制度以及行动。

1. 碳制度

在各国，通用的碳制度是通过碳技术、碳市场、碳税以及补贴等经济手段来保障实现碳中和目标的，下面我们便从这三个方面了解一下各国的碳制度。

1）碳技术

针对碳排放的技术有许多。近年来，许多国家都在开发相关的技术，而当前最有潜力的碳减排技术之一是 CCUS 技术。

CCUS 技术包括碳捕获技术、碳封存技术和碳利用技术，其中碳捕获又包括 CCUS、BECCS、CCS 三种技术。图 3-9 所示为 CCS 技术示意图，该技术通过直接空气捕集的方式来捕获二氧化碳。

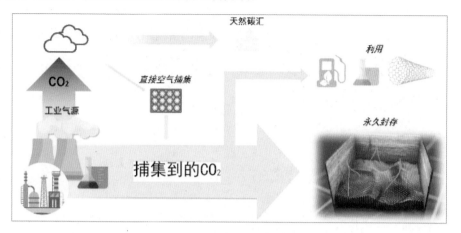

图3-9 CCS技术示意图

2）碳市场

联合国是最先提出碳交易机制的，而目前该机制大致是按照《京都议定书》所规定的框架进行运行的。

目前，碳市场主要有四大碳市场机制，具体内容如下。

- 排放交易机制（emissions trading，ET）。ET指的是缔约国将超额完成的减排义务指标以贸易的方式转让给未完成减排义务的缔约国。图3-10所示为ET示意图。

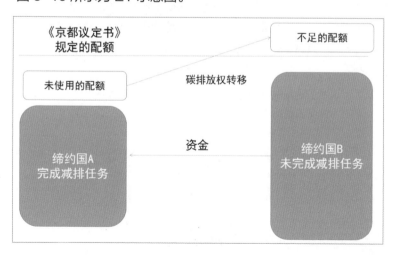

图3-10 ET示意图

- 清洁发展机制（clean development mechanism，CDM）。图3-11

所示为 CDM 示意图。该机制运用的行业及领域包括能源工业、能源分配、能源需求、制造业、化工行业、建筑行业、交通运输业、矿产品、金属生产、燃料的飞逸性排放、碳卤化合物和六氟化硫的生产和消费产生的逸散排放、溶剂的使用、废物处置、造林和再造林、农业。

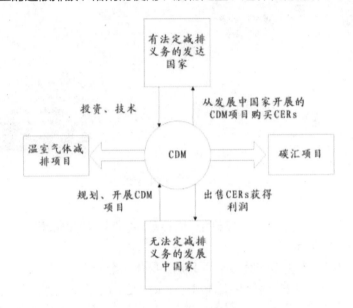

图 3-11　CDM 示意图

● 联合履约机制（joint implementation，JI）。该机制是《京都议定书》附件中国家之间以项目为基础的一种合作机制，其特点是项目主要是在经济转型国家和发达国家之间进行合作。图 3-12 所示为 JI 示意图。

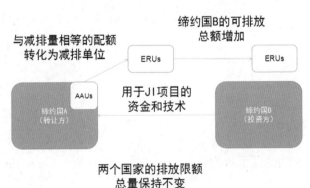

图 3-12　JI 示意图

- 自愿减排机制（voluntary emission reduction，VER）。图 3-13 所示为 VER 示意图。企业和个人经过第三方机构认证核实后，自愿开展碳减排和碳交易。

图 3-13　VER 示意图

以上四大机制为全球的碳交易市场奠定了基础。值得注意的是，自愿减排机制并不在《京都议定书》的框架之内。

3）碳税

简单地理解，碳税指的是对二氧化碳排放所征收的税。当产品不能达到节能减排方面设定的标准时，便会被征收碳税。碳税与碳交易存在很多不同之处。下面我们便来看一下碳交易与碳税的对比，如表 3-2 所示。

表 3-2　碳交易与碳税的对比

对比项目	碳 交 易	碳 税
控排目标有效性	总量控制，控排目标确定	控排目标不确定，难以确定减排效果
成本效率	实施成本高	信息成本高
生产成本	间接增加，对生产不确定影响较大	直接增加企业生产成本
价格效应	通过碳价间接影响能源价格上升	直接增加能源价格
政策可操作性	操作复杂，对人员、技术要求高	操作简便，可直接开展
可接受度	企业接受度高	企业接受度低
立法难度	较容易	较难
最佳使用范围	大型、集中式排放源	分散式、中小排放源
分配公平性	依赖碳配额初始分配	较公平
经济周期	顺周期	逆周期

值得注意的是，很多国家都制定了碳税制度。从整体来看，碳税制度可分为四类实施路径，如图 3-14 所示。

2. 各行业的碳中和行动

碳中和不仅针对一个行业，很多行业都涉及碳排放的问题，下面我们来看一下各国在能源电力、工业、建筑、交通运输、农业五个行业的碳中和行动。

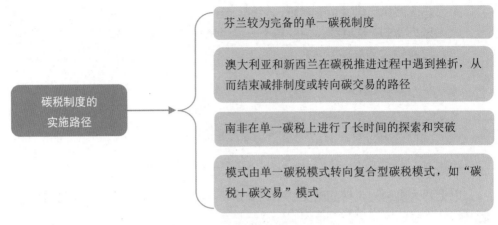

碳税制度的实施路径	芬兰较为完备的单一碳税制度
	澳大利亚和新西兰在碳税推进过程中遇到挫折，从而结束减排制度或转向碳交易的路径
	南非在单一碳税上进行了长时间的探索和突破
	模式由单一碳税模式转向复合型碳税模式，如"碳税＋碳交易"模式

图 3-14　碳税制度的实施路径

1）能源电力

在能源电力行业，各国主要从两个方面着手实现碳中和，即降低煤电供应和发展清洁能源，如图 3-15 所示。

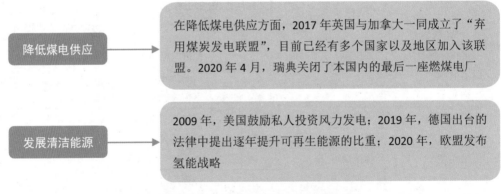

降低煤电供应	在降低煤电供应方面，2017 年英国与加拿大一同成立了"弃用煤炭发电联盟"，目前已经有多个国家以及地区加入该联盟。2020 年 4 月，瑞典关闭了本国内的最后一座燃煤电厂
发展清洁能源	2009 年，美国鼓励私人投资风力发电；2019 年，德国出台的法律中提出逐年提升可再生能源的比重；2020 年，欧盟发布氢能战略

图 3-15　各国在能源电力方面的行动

目前，全球的能源格局呈现清洁化、低碳化的趋势。未来，能源的发展方向也将是绿色低碳。发展能源电力、实现能源电力碳中和是实现碳中和目标的必由之路，而电力碳中和是能源碳中和的基础。因此，要想实现能源电力的碳中和，必须做好电力碳中和工作。

2）工业

管理碳排放，工业领域是最不能忽视的一个领域。在工业领域，节能减排已经是大势所趋。目前，各国在工业领域主要采取两种行动，如图 3-16 所示。

3）建筑

建筑行业也存在着碳排放，对碳中和这一目标的实现也有一定的影响，因此要想实现碳中和的目标，在建筑领域采取一定的措施是有必要的。

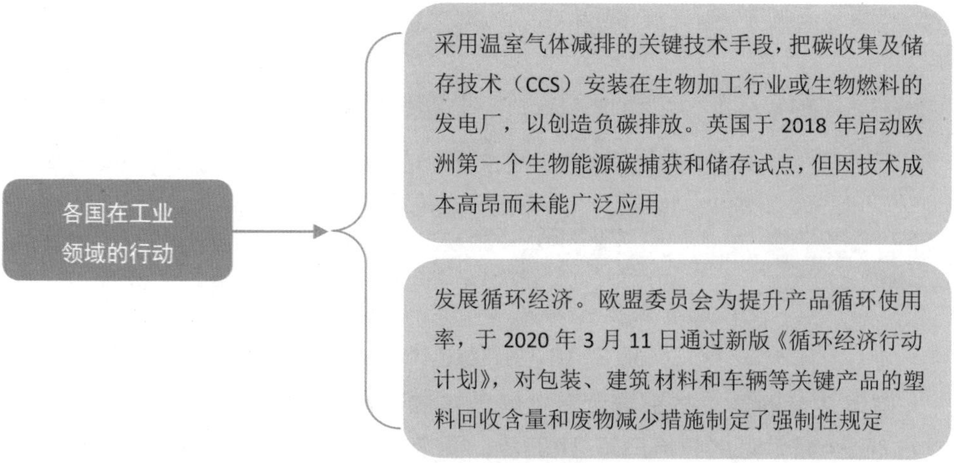

各国在工业领域的行动

采用温室气体减排的关键技术手段，把碳收集及储存技术（CCS）安装在生物加工行业或生物燃料的发电厂，以创造负碳排放。英国于2018年启动欧洲第一个生物能源碳捕获和储存试点，但因技术成本高昂而未能广泛应用

发展循环经济。欧盟委员会为提升产品循环使用率，于2020年3月11日通过新版《循环经济行动计划》，对包装、建筑材料和车辆等关键产品的塑料回收含量和废物减少措施制定了强制性规定

图3-16　各国在工业领域的行动

目前，各国都采取"绿色建筑"的方式，通过绿色建筑可以减少建筑行业的碳排放量。图3-17所示为新加坡绿色建筑示例。

图3-17　新加坡绿色建筑示例

绿色建筑有利于碳中和目标的实现，那么该如何推广绿色建筑呢？其方式主要有三种，如图3-18所示。

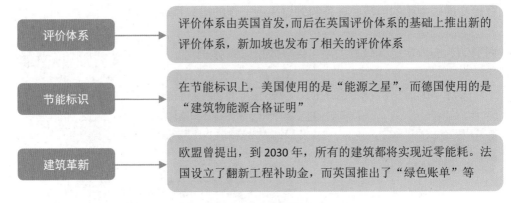

评价体系	评价体系由英国首发,而后在英国评价体系的基础上推出新的评价体系,新加坡也发布了相关的评价体系
节能标识	在节能标识上,美国使用的是"能源之星",而德国使用的是"建筑物能源合格证明"
建筑革新	欧盟曾提出,到 2030 年,所有的建筑都将实现近零能耗。法国设立了翻新工程补助金,而英国推出了"绿色账单"等

图 3-18 推广绿色建筑的办法

值得注意的是,英国首次发布绿色建筑评估方法(BREEAM),目前完成 BREEAM 认证的建筑已超 27 万幢。图 3-19 所示为都会山 BREEAM 认证证书。

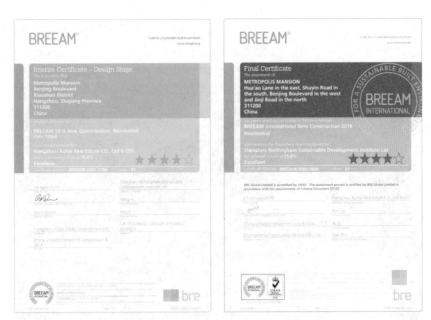

图 3-19 都会山 BREEAM 认证证书

4)交通运输

交通运输是实现碳排放目标的重点领域之一,不仅源于交通运输领域的碳排放更复杂,也因为该领域产生的碳排放量不容小觑。发达国家在建筑等领域的碳排放已有所下降,但在交通运输领域还没有大的改变,减少交通运输行业的碳排放、布局新能源交通工具刻不容缓。

各国交通运输行业为实现碳中和已有不少尝试，例如调整运输结构、发展交通运输系统数字化，以及乘用车碳排放量限制等。

5）农业

农业中的碳排放也不容忽视。在农业方面，役畜肠道发酵、秸秆燃烧、水稻种植等是农业中温室气体排放的主要排放源。针对农业方面的碳中和，各国都采取了许多措施，如德国制定了年度中期目标和十项措施，同时在化肥使用、种养殖、能源效率、资源保护、人们的消费模式方面都采取了相应的措施。

3.1.3　案例介绍

在国家碳中和政策的实施下，国外一些企业纷纷将碳中和的理念融入产品中。现如今，许多企业都推出了碳中和产品，如 Cariuma 运动鞋、AVOCADO 床垫等。下面来看一下这些产品。

1．Cariuma 运动鞋

一般来说，制作一双鞋是会产生一定量的二氧化碳的，例如生产一双运动鞋会产生大约 30 磅的二氧化碳排放量，其碳排放主要来自鞋子的材料以及制作独立部件时所消耗的能源。

2019 年，巴西的品牌 Cariuma 推出了一款名叫 Ibi 的运动鞋，通过更换材料、简化设计、碳交易等方式来实现运动鞋的碳中和。图 3-20 所示为再生聚酯纤维，该运动鞋便是使用这种材料制成的。

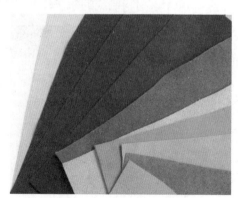

图 3-20　再生聚酯纤维

2．AVOCADO 床垫

2018 年，美国的床垫品牌 AVOCADO 推出了一款碳中和认证的床垫，该床垫也是世界上第一个有着碳中和认证的床垫，如图 3-21 所示。

图 3-21　AVOCADO 床垫

该品牌通过植树造林、利用可再生能源、垃圾填埋气体回收等措施来减少产品的碳排放。

3．evian 矿泉水

evian 矿泉水是法国的一个矿泉水品牌。2020 年，evian 获得了美国以及加拿大的碳中和认证。evian 与相关公司合作，开发了一款完全由回收 PET（polyethylene terephthalate，聚对苯二甲酸乙二酯）制成的原型瓶。图 3-22 所示为 PET 瓶子，利用该材料制成的瓶子能够达到 100% 可回收。

图 3-22　PET 瓶子

　　evian 品牌通过更新包装设计、减轻产品重量、使用再生塑料、升级瓶装工厂设施等方式实现碳中和的目标。

4．Hartmann 鸡蛋盒

　　Hartmann 是丹麦的一家生产鸡蛋包装盒的企业。2013 年，该企业便已经推出了可生物降解再生制作的鸡蛋包装盒，如图 3-23 所示。近几年，该企业又增加了相关的减排措施以及碳补偿项目。

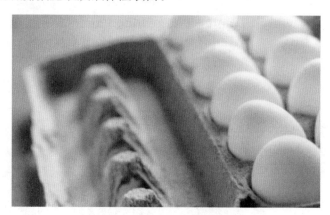

图 3-23　Hartmann 鸡蛋包装盒

5．BABOR 化妆品

　　德国的化妆品品牌 BABOR 早在 2014 年便开始应用清洁能源，如绿色电力、光伏等，并且还在公司的办公区域安装了各种节能设施来减少自身的碳排放。而有些不能依靠自身来减少的碳排放，便通过碳交易以及第三方服务来抵消。

　　此外，BABOR 从 2010 年年初开始，广告材料和宣传物料都印在 FSC 认证的可再生纸张上。图 3-24 所示为 FSC 认证。

6．Mycoworks 皮革

　　Mycoworks 是美国一家皮革企业，该企业的皮革不是用牛皮制成的，而是用蘑菇制成的，因此 Mycoworks 是一种能够实现碳中和的"菌皮革"，如图 3-25 所示。

　　真菌和蘑菇的根结构十分结实但是容易降解，菌丝体便是由它们制成。这两者的根结构是一种很有潜力的绿色材料，通过使用这种材料制作皮革能够减少传统畜牧业所需的大量能源，还可以提高皮革的生产效率。

图 3-24　FSC 认证

图 3-25　Mycoworks 皮革

7．Aero Zero 衬衫

Aero Zero 衬衫是美国男士服装品牌 Ministry of Supply 推出的一款符合碳中和要求的衬衫，如图 3-26 所示。

图 3-26　Aero Zero 衬衫

这款衬衫本身是用能够回收的聚酯纤维制作的，而丝线则是由回收的塑料通过太阳能设备制成的。

在衬衫的运输方面，由传统的空运改成了海运，再通过购买相关的第三方服务来抵消企业的碳排放。

8．英国的 Flat House

厚纤维混凝土有着吸收碳的功能，而英国剑桥郡的 Flat House 便是由这种材料制成的，如图 3-27 所示。

9．哥斯达黎加的无足迹住宅

无足迹住宅位于哥斯达黎加的一个小村庄里，它是众多零碳住宅的原型，其目的是为了能够被动地控制气候。

NFH-108 的住宅原型是一系列零碳住宅中的第一款，如图 3-28 所示。该房子随着数量的增加，碳排放呈现递减的趋势，如第一栋房子较同尺寸的住宅的碳排放量降低了 40%，第二栋降低了 60%，第三栋降低了 20%。

图 3-27　英国剑桥郡的 Flat House

图 3-28　无足迹住宅

3.2　国内碳中和管理政策

　　我国对于碳中和非常重视，出台了多个政策文件，各省区市也依照中央的指示，有条不紊地贯彻落实相关政策。本节我们便来看一下我国对于碳中和的相关管理情况。

3.2.1　顶层设计与战略部署

　　在 2020 年年底时，我国在中央经济工作会议中第一次将"做好碳达峰、碳中和工作"作为重点任务。在此之后，我国政府出台了各种关于碳中和相关顶层战略部署，具体内容包括把碳达峰、碳中和纳入生态文明建设整体布局、建立健全绿色低碳循环发展经济体系等，如表 3-3 所示。

表 3-3 碳中和相关顶层战略部署

时间	会议或文件	碳中和相关顶层战略部署
2020 年 12 月 16 日至 18 日	中央经济工作会议	提出"要做好碳达峰、碳中和工作。我国二氧化碳排放力争 2030 年前达到峰值，力争 2060 年前实现碳中和。要抓紧制定 2030 年前碳排放达峰行动方案，支持有条件的地方率先达峰。要加快调整优化产业结构、能源结构，推动煤炭消费尽早达峰，大力发展新能源，加快建设全国用能权、碳排放权交易市场，完善能源消费双控制度。要继续打好污染防治攻坚战，实现减污降碳协同效应。要开展大规模国土绿化行动，提升生态系统碳汇能力"
2021 年 2 月 22 日	国务院发布《关于加快建立健全绿色低碳循环发展经济体系的指导意见》	提出"要全面贯彻生态文明思想，认真落实党中央、国务院决策部署，坚定不移贯彻新发展理念，全方位全过程推行绿色规划、绿色设计、绿色投资、绿色建设、绿色生产、绿色流通、绿色生活、绿色消费，使发展建立在高效利用资源、严格保护生态环境、有效控制温室气体排放的基础上，统筹推进高质量发展和高水平保护，建立健全绿色低碳循环发展的经济体系，确保实现碳达峰、碳中和目标，推动我国绿色发展迈上新台阶"
2021 年 3 月 5 日	2021 年政府工作报告	提出"扎实做好碳达峰、碳中和各项工作。制定 2030 年前碳排放达峰行动方案。优化产业结构和能源结构。推动煤炭清洁高效利用，大力发展新能源，在确保安全的前提下积极有序发展核电。扩大环境保护、节能节水等企业所得税优惠目录范围，促进新型节能环保技术、装备和产品研发应用，培育壮大节能环保产业，推动资源节约高效利用。加快建设全国用能权、碳排放权交易市场，完善能源消费双控制度。实施金融支持绿色低碳发展专项政策，设立碳减排支持工具。提升生态系统碳汇能力"
2021 年 3 月	《中华人民共和国国民经济和社会发展第十四个五年规划和 2035 年远景目标纲要》	提出"广泛形成绿色生产生活方式，碳排放达峰后稳中有降，生态环境根本好转，美丽中国建设目标基本实现"的 2035 年远景目标，并提出要"落实 2030 年应对气候变化国家自主贡献目标，制定 2030 年前碳排放达峰行动方案"

续表

时间	会议或文件	碳中和相关顶层战略部署
2021 年 3 月 15 日	中央财经委员会第九次会议	提出"实现碳达峰、碳中和是一场广泛而深刻的经济社会系统性变革，要把碳达峰、碳中和纳入生态文明建设整体布局，拿出抓铁有痕的劲头，如期实现 2030 年前碳达峰、2060 年前碳中和的目标"
2021 年 4 月 30 日	中央政治局就新形势下加强我国生态文明建设进行第二十九次集体学习	提出"要坚持不懈推动绿色低碳发展，建立健全绿色低碳循环发展经济体系，促进经济社会发展全面绿色转型"。重申"实现碳达峰、碳中和是我国向世界作出的庄严承诺，也是一场广泛而深刻的经济社会变革，绝不是轻轻松松就能实现的。各级党委和政府要拿出抓铁有痕、踏石留印的劲头，明确时间表、路线图、施工图，推动经济社会发展建立在资源高效利用和绿色低碳发展的基础之上"
2021 年 5 月 26 日	碳达峰、碳中和工作领导小组第一次全体会议	提出"要全面贯彻落实生态文明思想，立足新发展阶段、贯彻新发展理念、构建新发展格局，扎实推进生态文明建设，确保如期实现碳达峰、碳中和目标"

3.2.2　相关部委重点政策

碳达峰、碳中和的实现需要国家各个部门、组织不断地协调部署，例如生态环境部、财政部、统计局、科技部等。

各部门、组织纷纷出台相应的政策，并采取相应的措施来助力我国尽快实现碳中和目标。表 3-4 所示为我国碳中和部委重点政策汇总，其中包括人民银行、国家发展和改革委员会等。

表 3-4　碳中和各部委重点政策汇总

部委	时间	会议或文件	已出台"碳中和"领域相关重点政策
国务院	2021 年 2 月 22 日	《关于加快建立健全绿色低碳循环发展经济体系的指导意见》	提出"健全绿色低碳循环发展的生产体系、健全绿色低碳循环发展的流通体系、加快基础设施绿色升级、构建市场导向的绿色技术创新体系"等顶层部署
人民银行	2021 年 1 月 4 日	2021 年人民银行工作会议	提出"落实碳达峰碳中和重大决策部署，完善绿色金融政策框架和激励机制"，不断引导金融资源向绿色发展领域倾斜

部委	时间	会议或文件	已出台"碳中和"领域相关重点政策
人民银行	2021 年 2 月 9 日	国新办绿色金融有关情况吹风会	表示将重点推动以下工作落实碳中和战略部署：完善金融支持绿色低碳转型的顶层设计；完善绿色金融标准，推动金融机构开展碳核算；有序发展碳期货及其他衍生品等碳金融产品工具等
	2021 年 3 月 7 日	人民银行副行长答记者问	初步确立了"三大功能""五大支柱"的绿色金融发展政策思路，引导和撬动金融资源向低碳项目、绿色转型项目、碳捕集与封存等绿色创新项目倾斜
中央财经委	2021 年 3 月 15 日	中央财经委员会第九次会议	提出碳达峰碳中和"将会进入监督考核机制，各级政府不能怠慢"
国家发展和改革委员会	2021 年 1 月 19 日	国家发展和改革委员会 2021 年首场新闻发布会	宣布开展"六方面工作"推动实现碳达峰碳中和中长期目标：大力调整能源结构、加快推动产业结构转型、着力提升能源利用效率、加速低碳技术研发推广、健全低碳发展体制机制、努力增加生态碳汇
工信部	2020 年 12 月 28 日	2021 年全国工业和信息化工作会议	强调"围绕碳达峰碳中和目标节点，实施工业低碳行动和绿色制造工程，坚决压缩粗钢产量，确保粗钢产量同比下降"
	2021 年 1 月 5 日	工信部答记者问	透露 2021 年将实施工业低碳行动和绿色制造工程，并制定钢铁、水泥等重点行业碳达峰路线图
住建部	2019 年 4 月 9 日		批准《建筑碳排放计算标准》国家标准
	2021 年 1 月 5 日	《关于开展绿色建造试点工作的函》	决定在湖南省、广东省深圳市、江苏省常州市开展绿色建造试点工作
	2021 年 3 月 22 日	《绿色建造技术导则（试行）》	提出"有效降低建造全过程对资源的消耗和对生态环境的影响，减少碳排放，整体提升建造活动绿色化水平"

续表

部委	时间	会议或文件	已出台"碳中和"领域相关重点政策
科技部	2021年3月4日	召开科技部碳达峰与碳中和科技工作领导小组("双碳"小组)第一次会议	研究科技支撑实现碳达峰、碳中和目标相关工作,重点做好三项工作:抓紧研究形成《碳达峰碳中和科技创新行动方案》、推进《碳中和技术发展路线图》编制、推动设立"碳中和关键技术研究与示范"重点专项
农业农村部	2018年7月2日	《农业绿色发展技术导则(2018—2030年)》	提出以"绿色发展制度与低碳模式基本建立"为2030年主要目标之一
	2020年3月2日	《2020年农业农村绿色发展工作要点》	落实中央一号文件精神,推进质量兴农、绿色兴农,不断强化绿色发展对乡村振兴的引领
财政部	2019年12月16日	《碳排放权交易有关会计处理暂行规定》	规范碳排放权交易相关的会计处理
国家能源局	2020年12月22日	2021年全国能源会议	提出"要着力提高能源供给水平,加快风电光伏发展,稳步推进水电核电建设,大力提升新能源消纳和储存能力"
	2021年3月9日	国家能源局有关负责人答记者问	表示将多措并举加快推动碳达峰、碳中和工作,包括加快清洁能源开发利用、升级能源消费方式、优化完善电网建设等
生态环境部	2019年5月29日	《大型活动碳中和实施指南(试行)》	规范各界"通过碳配额、碳信用的方式或通过新建林业项目产生碳汇量的方式抵消大型活动的温室气体排放量"
	2020年12月25日	《碳排放权交易管理办法(试行)》	规范全国碳市场,宣布全国碳排放权交易市场将于2021年2月1日开始启动
	2021年1月13日	《关于统筹和加强应对气候变化与生态环境保护相关工作的指导意见》	提出"各地要结合实际提出积极明确的达峰目标,制定达峰实施方案和配套措施"
	2021年1月23日	2021年全国生态环境保护工作会议	提出"要落实'减污降碳'总要求,对减污降碳协同增效一体谋划、一体部署、一体推进、一体考核,进一步强化降碳的刚性举措"

部委	时间	会议或文件	已出台"碳中和"领域相关重点政策
生态环境部	2021年3月18日	碳达峰碳中和基础研究研讨会	宣布"积极推进全国碳排放交易体系建设,推动制定国家2030年前二氧化碳排放达峰行动方案,组织开展气候领域国际合作"
自然资源部	2020年6月1日	《绿色矿山评价指标》	以"节能减排"等六项指标为重要评价指标
交通运输部	2017年11月27日	《关于全面深入推进绿色交通发展的意见》	以"污染排放得到有效控制"为主要发展目标,推动交通运输二氧化碳排放强度不断降低
商务部	2021年1月7日	《关于推动电子商务企业绿色发展工作的通知》	提出持续推动电商企业提升低碳环保水平
	2021年2月8日	《关于做好2021年绿色商场创建工作的通知》	引导商贸流动企业提高绿色低碳发展力度,促进绿色消费

3.2.3 省区市目标规划及重点对策

各省区市也根据本省区市的发展情况,制定了不同内容的整体目标规划和重点对策。例如,北京市的相关整体规划为:"碳排放稳中有降,碳中和迈出坚实步伐,为应对气候变化作出北京示范。"

第4章

碳金融与碳排放交易

学前
提示

创建碳金融市场，促进碳排放权的交易是加快实现碳中和目标的有效手段，通过将碳的排放权市场化，能够有效地调动各大企业降低碳排放量的积极性。本章将为大家介绍碳金融以及碳排放交易。

4.1 碳金融

碳金融主要是由国际气候政策变化而来，准确地说源于《联合国气候变化框架公约》和《京都议定书》。本节我们来了解一下碳金融的基本情况。

4.1.1 碳金融的定义

在2006年世界银行碳金融部门发布的年度报告中第一次给碳金融下了定义，即"以购买减排量的方式为产生或者能够产生温室气体减排量的项目提供的资源"。它是一种低碳经济投融资活动，或者是碳融资和碳物质的买卖活动。

目前，碳市场正在持续健康地发展，主要的驱动因素包括政策因素、经济因素和环境因素，如图4-1所示。

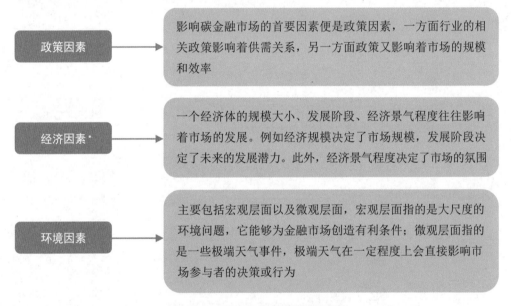

| 政策因素 | 影响碳金融市场的首要因素便是政策因素，一方面行业的相关政策影响着供需关系，另一方面政策又影响着市场的规模和效率 |

| 经济因素 | 一个经济体的规模大小、发展阶段、经济景气程度往往影响着市场的发展。例如经济规模决定了市场规模，发展阶段决定了未来的发展潜力。此外，经济景气程度决定了市场的氛围 |

| 环境因素 | 主要包括宏观层面以及微观层面，宏观层面指的是大尺度的环境问题，它能够为金融市场创造有利条件；微观层面指的是一些极端天气事件，极端天气在一定程度上会直接影响市场参与者的决策或行为 |

图4-1 碳市场的主要驱动因素

图4-2所示为碳金融市场格局。目前，我国的碳金融市场格局已经基本形成，参与者主要包括排放者、金融机构、交易市场、第三方中介以及监管部门。

- 排放者主要指的是碳排放的企业。
- 金融机构在投融资、交易和风控领域起到了核心作用。
- 按照企业的需求，碳金融交易市场可以分为碳交易市场、碳融资市场、碳支持市场。此外，碳交易市场还可以分为碳排放权市场以及减排项目市场。
- 第三方中介是指提供监测核证、咨询、审计、评估等服务的机构，主要包括监测核证机构、咨询公司、会计师事务所、评估公司。

- 监管部门指的是负责监管排放企业、金融机构、第三方中介机构等的部门。

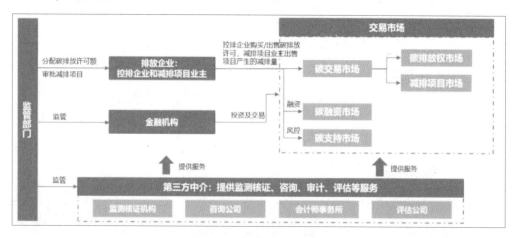

图 4-2　碳金融市场格局

碳市场的基本原理是什么呢？碳市场通过给排放单位设置一定的碳排放份额，排放单位可以根据自己的碳排放情况进行买卖。

图 4-3 所示为碳市场基本原理。从图 4-3 中可以看出，政府通过给予 A、B 两个单位规定的初始配额，A 排放单位排放的碳超过初始配额，而 B 排放单位排放的碳少于初始配额时，B 排放单位便可以向 A 排放单位售卖碳排放配额。通过这种方式可以很好地控制企业的碳排放量，从而达到节能减排的目的。

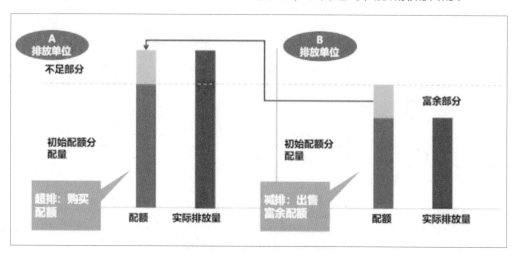

图 4-3　碳市场基本原理

4.1.2 碳金融的交易方式

全球的碳交易市场从 2013 年开始发展至今，已经有不少国家建立了碳交易市场。图 4-4 所示为碳交易市场发展史。目前，在碳交易市场中，交易方式主要有两种，一种是现货交易，另一种是衍生品交易。

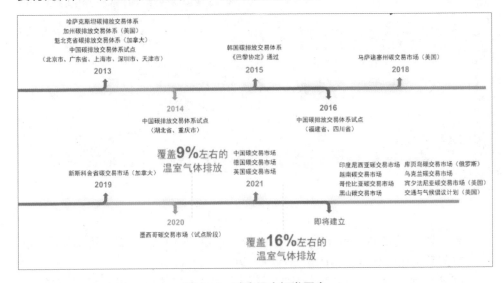

图 4-4　碳交易市场发展史

现货交易又可分为两类：一类是根据"总量—配额"原理，面向企业的碳交易；另一类指的是根据"基准线—项目"原理，面向减排项目的核减排信用交易。图 4-5 所示为碳金融现货交易流程。

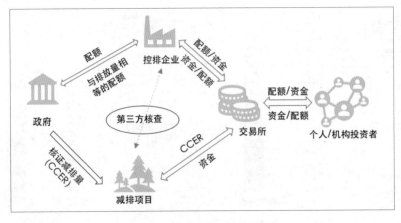

图 4-5　碳金融现货交易流程

衍生品交易主要包括碳期货以及碳远期两种。

值得注意的是，目前我国以现货交易为主，其市场主体框架如图 4-6 所示。

图 4-6　中国碳交易市场主体框架

4.1.3　碳金融的政策

我国一直关注全球气候变化以及碳排放等相关情况，为了更好地降低碳排放、保障碳金融市场的持续健康发展，为缓解气候变暖增添一份助力，我国从 2014 年起发布了多项碳金融政策，如图 4-7 所示。

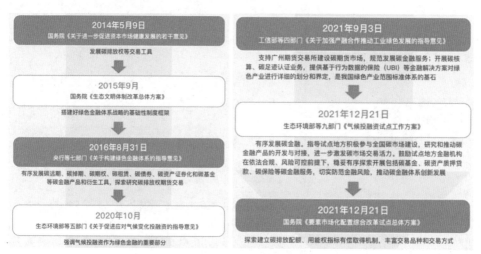

图 4-7　我国碳金融政策

4.1.4　碳金融的基本特点

与其他金融活动相比，碳金融主要有公益性、专业性、跨行业性、国家干预性四大特点，如图 4-8 所示。

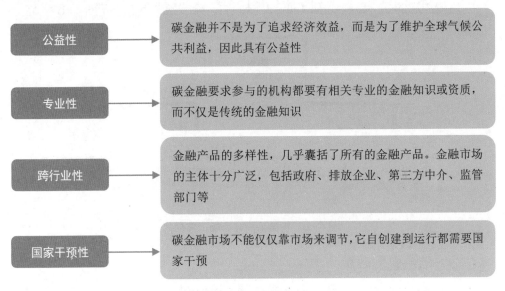

图 4-8　碳金融的基本特点

其中，国家干预性主要体现在以下四个方面，如图 4-9 所示。

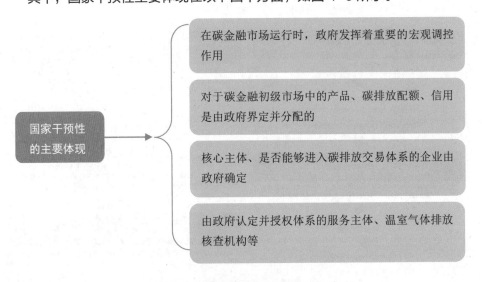

图 4-9　国家干预性的主要体现

4.1.5　碳金融的主要风险

目前，碳金融市场还存在着政治风险、政策风险、市场风险、投资风险等主要风险，具体内容如图 4-10 所示。

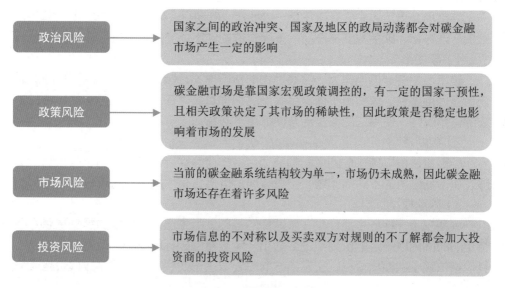

图 4-10　碳金融的主要风险

4.1.6　碳金融的主要产品分类

随着我国碳金融市场的不断发展，碳金融的相关产品也在不断丰富。目前，我国碳金融的主要产品分为三类，分别是碳市场交易工具、碳市场融资工具和碳市场支持工具，如图 4-11 所示。下面对这三类产品作详细介绍。

图 4-11　碳金融产品分类

1. 碳市场交易工具

碳市场交易工具主要有碳货币、碳期货、碳期权、碳远期、碳掉期、碳基金、碳资产证券化、碳指数交易产品。下面对这些碳市场交易工具进行详细介绍。

1）碳货币

碳货币是将碳信用作为一般等价物的货币形式。碳货币具有商品属性的同时还具有信用属性。碳货币不像黄金等商品那样真实存在，它具有无形性，再加上它的信用属性，使得它能够灵活方便地用于交易。

2）碳期货

碳期货是指以碳排放的权配额及项目减排量等现货合约为标的物的合约，能够解决市场信息的不对称问题，引导碳现货价格，有效规避交易风险。

3）碳期权

碳期权是一种衍生品，是在碳期货的基础上衍生出来的，指的是交易双方在特定的时间内以一定的价格买进或卖出一定数量的碳标的权利。值得注意的是，其价格依赖于碳期货价格，交易的方向主要取决于购买者针对碳排放权价格走势的判断。

图4-12所示为碳期权的运行模式。可以看出，买卖双方通过交易所进行交易，由交易所出具权利金到账确认书给卖方。

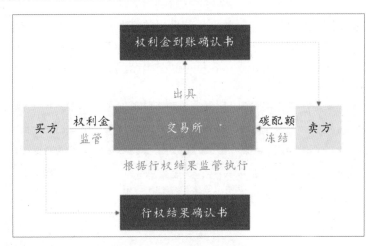

图4-12　碳期权的运行模式

与碳期货一样，碳期权有一定的套期保值的能力，能够帮助买方规避因为碳价波动而带来的风险。

4）碳远期

碳远期通过合约的方式，确定好标的、日期以及价格，然后通过交易所买卖一定数量的配额或项目减排量。图 4-13 所示为碳远期的运行模式。

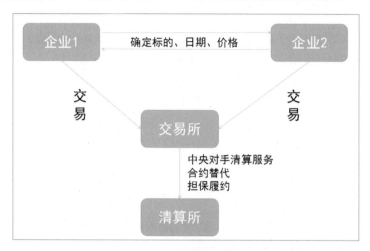

图 4-13 碳远期的运行模式

碳远期交易方式是国际市场 CER（crtification emission reduction，核证减排）交易中比较常见、成熟的交易方式之一。

5）碳掉期

碳掉期是以标的碳排放权为交易的物品，控排企业双方以固定价格或浮动价格进行交易，两次交易的差价由交易所通过现金的方式结算。图 4-14 所示为碳掉期的运行模式。此外，交易所还负责监管控排企业双方的保证金。

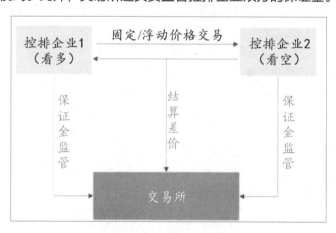

图 4-14 碳掉期的运行模式

6）碳基金

碳基金是指帮助改善气候变化而设立的一项专门基金，主要由政府、企业、机构或个人设立的用于投资温室气体减排项目。图 4-15 所示为碳基金的基本业务模式。

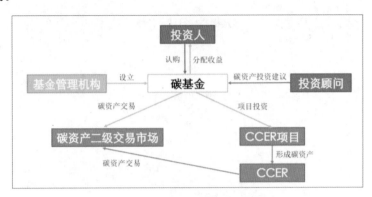

图 4-15　碳基金的基本业务模式

目前，碳基金的融资方式主要有四种，如图 4-16 所示。

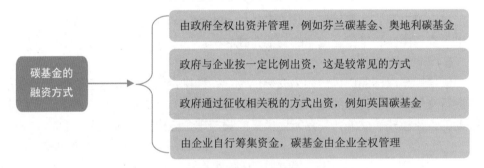

图 4-16　碳基金的融资方式

我国碳基金的资金来源以政府投资为主，多渠道筹集资金，按企业模式运作。碳基金的投向可以有三个目标，如图 4-17 所示。

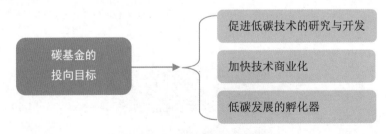

图 4-17　碳基金的投向目标

7）碳资产证券化

碳配额和减排项目的未来收益权，都可以作为支持资产证券化进行融资；债券型证券化即碳债券。图4-18所示为资产证券化的交易结构。

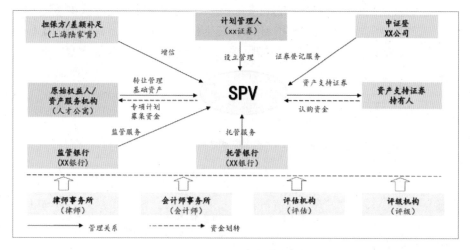

图4-18 资产证券化的交易结构

8）碳指数交易产品

碳指数交易产品则是基于碳指数开发的交易产品。

2．碳市场融资工具

碳市场融资工具主要有四种，分别是碳质押、碳回购、碳托管和借碳交易。下面我们来看一下这四种碳市场融资工具。

1）碳质押

碳质押是一种债务融资方式，通过将碳配额、项目减排量等碳资产作为担保而向企业贷款融资。图4-19所示为碳质押流程。

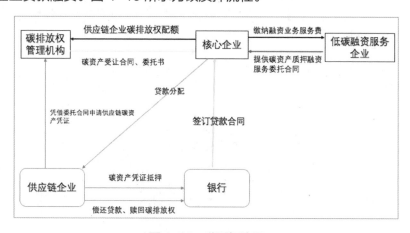

图4-19 碳质押流程

2）碳回购

碳回购就是回购自己的碳排放配额。这种方式的好处是能够获得短期的资金融通，其基本业务模式如图 4-20 所示。在期初时，正回购方将一定的配额出售出去；到一定时间后，正回购方再按照原先约定的价格购回自己所售出的碳排放配额。

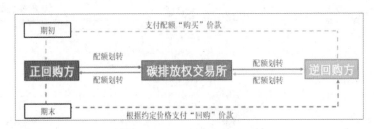

图 4-20　碳回购业务模式

3）碳托管

碳托管是一种碳金融工具。控排企业为了保值增值，将自己的部分碳资产交予托管机构进行托管。图 4-21 所示为碳托管流程。

图 4-21　碳托管流程

4）借碳交易

借碳交易指的是借出方缴纳一定的保证金后，在交易所向借入方借出一定份额的碳排放量，当借期期满后，借入方返回配额，并支付约定好的收益。图 4-22 所示为借碳交易流程。

图 4-22　借碳交易流程

3．碳市场支持工具

碳市场支持工具主要有两种，分别是碳指数与碳保险，如图 4-23 所示。

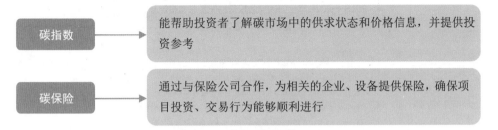

图 4-23　碳市场支持工具

4.2　碳排放权交易

自 2013 年首单碳排放权交易完成后，我国的碳排放权交易拉开了序幕。经过近 10 年的发展，我国的碳排放交易已经较为成熟，各方面都取得了显著的成效。下面我们来了解一下碳排放交易的相关情况。

4.2.1　交易定义

在了解碳排放权交易之前，我们先来了解一下什么是碳排放权。碳排放权指的是碳排放的权利，它是在谋求发展的同时保护大气环境，排放一定量的二氧化碳的权利。

知道了碳排放权，那么碳排放权交易就好理解了。碳排放权交易指的是企业将多余的碳排放权进行交易的行为。但是这有一定的前提，那便是要在一定范围内的基准排放水平或总量控制确定下进行交易，即在总的排放量不变的情况下进行交易。

我国针对碳排放权交易进行了监管，并设立了相关部门。我国对碳排放权交易的监管可以划分为三级，分别是国家级、省级、市级。

4.2.2　交易主体

碳排放权交易的主体初期的时候只有一些达到排放量的发电企业，后期适当地增加了一些符合交易规则的机构和个人。

2020 年 12 月 29 日，生态环境部发布《2019—2020 年全国碳排放权交易配额总量设定与分配实施方案（发电行业）》，确定纳入 2019—2020 年全国碳交易市场配额管理的重点排放单位的标准，即发电行业（含其他行业自备电厂）2013—2019 年任意一年排放达到 2.6 万吨二氧化碳当量的企业，将被纳入全国碳交易市场。图 4-24 所示为《2019—2020 年全国碳排放权交易配额总量设定与分配实施方案（发电行业）》。

> ### 2019—2020 年全国碳排放权交易配额总量设定与分配实施方案（发电行业）
>
> **一、纳入配额管理的重点排放单位名单**
>
> 　　根据发电行业（含其他行业自备电厂）2013—2019 年任一年排放达到 2.6 万吨二氧化碳当量（综合能源消费量约 1 万吨标准煤）及以上的企业或者其他经济组织的碳排放核查结果，筛选确定纳入 2019—2020 年全国碳市场配额管理的重点排放单位名单，并实行名录管理。
>
> 　　碳排放配额是指重点排放单位拥有的发电机组产生的二氧化碳排放限额，包括化石燃料消费产生的直接二氧化碳排放和净购入电力所产生的间接二氧化碳排放。对不同类别机组所规定的单位供电（热）量的碳排放限值，简称为碳排放基准值。
>
> **二、纳入配额管理的机组类别**
>
> 　　本方案中的机组包括纯凝发电机组和热电联产机组，自备电厂参照执行，不具备发电能力的纯供热设施不在本方案范围之内。纳入 2019—2020 年配额管理的发电机组包括 300MW 等级以上常规燃

图 4-24　《2019—2020 年全国碳排放权交易配额总量设定与分配实施方案（发电行业）》（部分内容）

　　2020 年，由生态环境部等五部门联合发布《关于促进应对气候变化投融资的指导意见》（以下简称《意见》）。《意见》指出，要逐步扩大碳排放权交易主体范围，适时增加符合交易规则的投资机构和个人参与碳排放权交易，如图 4-25 所示。

> **四、鼓励和引导民间投资与外资进入气候投融资领域**
>
> （一）激发社会资本的动力和活力
>
> 　　强化对撬动市场资金投向气候领域的引导机制和模式设计，支持在气候投融资中通过多种形式有效拉动和撬动社会资本，鼓励"政银担""政银保""银行贷款+风险保障补偿金""税融通"等合作模式，依法建立损失分担、风险补偿、担保增信等机制，规范推进政府和社会资本合作（PPP）项目。
>
> （二）充分发挥碳排放权交易机制的激励和约束作用
>
> 　　稳步推进碳排放权交易市场机制建设，不断完善碳资产的会计确认和计量，建立健全碳排放权交易市场风险管控机制，逐步扩大交易主体范围，适时增加符合交易规则的投资机构和个人参与碳排放权交易。在风险可控的前提下，支持机构及资本积极开发与碳排放权相关的金融产品和服务，有序探索运营碳期货等衍生产品和业务。探索设立以减碳排量为项目效益量标准的市场化碳金融投资基金。鼓励企业和机构在投资活动中充分考量未来市场碳价格带来的影响。
>
> （三）引进国际资金和境外投资者
>
> 　　进一步加强与国际金融机构和外资企业在气候投融资领域的务实合作，积极借鉴国际良好实践和金融创新。支持境内符合条件的绿色金融资产跨境转让，支持离岸市场不断丰富人民币绿色金融产品及交易，不断促进气候投融资便利化。支持我国金融机构和企业到境外进行气候融资，积极探索通过主权担保为境外融资增信，支持建立人民币绿色海外投资基金。支持和引导合格的境外机构投资者参与中国境内的气候投融资活动，鼓励境外机构到境内发行绿色金融债券，鼓励境外投资者更多投资持有境内人民币绿色金融资产，鼓励使用人民币作为相关活动的跨境结算货币。

图 4-25　《关于促进应对气候变化投融资的指导意见》

4.2.3 交易产品

碳排放权交易的产品主要分为三类，分别是碳排放配额、CCER（Chinese certified emission reduction，国家核证自愿减排量）、其他交易产品等。下面我们来看一下这三类交易产品。

1．碳排放配额

碳排放配额是指特定单位由政府分配的碳排放的额度，是碳排放市场中参与单位和个人的依法所得，可用于交易，能够帮助排放量大的企业控制排放量，从而达到节能减排的目的。一个单位所拥有的碳排放配额是一定的，如果超过了碳排放配额，便需要在碳交易市场中购买。

2．CCER

CCER 是一种凭证，即减排企业通过制定并实施相关项目减少温室气体的排放而获得的减排凭证。

当企业通过采用新能源等方式自愿减排，减排的效果经过国家的量化核证，并经过相关系统认证之后，便可以拥有 CCER 了。图 4-26 所示为 CCER 产生和交易的整体流程。

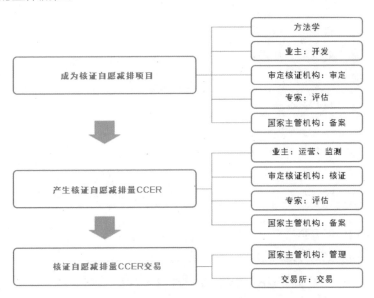

图 4-26　CCER 产生和交易的整体流程

CCER 可以帮助企业抵消一部分碳排放使用量，能够帮助企业减少一定的成本，同时还可以给减排项目带来一定的收益。图 4-27 所示为 CCER 交易机理。

值得注意的是，CCER 虽然可以抵消碳排放，但也存在上限。国家出台的《碳排放权交易管理办法（试行）》中对 CCER 的抵消上限作了说明，如图 4-28 所示。

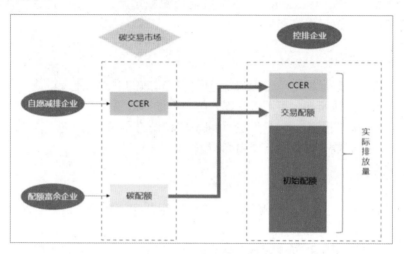

图 4-27　CCER 交易机理

第二十五条　重点排放单位应当根据生态环境部制定的温室气体排放核算与报告技术规范，编制该单位上一年度的温室气体排放报告，载明排放量，并于每年3月31日前报生产经营场所所在地的省级生态环境主管部门。排放报告所涉数据的原始记录和管理台账应当至少保存五年。

重点排放单位对温室气体排放报告的真实性、完整性、准确性负责。

重点排放单位编制的年度温室气体排放报告应当定期公开，接受社会监督，涉及国家秘密和商业秘密的除外。

第二十六条　省级生态环境主管部门应当组织开展对重点排放单位温室气体排放报告的核查，并将核查结果告知重点排放单位。核查结果应当作为重点排放单位碳排放配额清缴依据。

省级生态环境主管部门可以通过政府购买服务的方式委托技术服务机构提供核查服务。技术服务机构应当对提交的核查结果的真实性、完整性和准确性负责。

第二十七条　重点排放单位对核查结果有异议的，可以自被告知核查结果之日起七个工作日内，向组织核查的省级生态环境主管部门申请复核；省级生态环境主管部门应当自接到复核申请之日起十个工作日内，作出复核决定。

第二十八条　重点排放单位应当在生态环境部规定的时限内，向分配配额的省级生态环境主管部门清缴上年度的碳排放配额。清缴量应当大于等于省级生态环境主管部门核查结果确认的该单位上年度温室气体实际排放量。

第二十九条　重点排放单位每年可以使用国家核证自愿减排量抵销碳排放配额的清缴，抵销比例不得超过应清缴碳排放配额的5%。相关规定由生态环境部另行制定。

图 4-28　《碳排放权交易管理办法（试行）》

3. 其他交易产品

除了碳排放配额、CCER 这两种基本的碳金融交易产品外，国家为促进碳排放交易市场的发展，在出台的《关于构建绿色金融体系的指导意见》中还鼓励发展各类碳金融产品，如图 4-29 所示。

六、完善环境权益交易市场、丰富融资工具

（二十五）发展各类碳金融产品。促进建立全国统一的碳排放权交易市场和有国际影响力的碳定价中心。有序发展碳远期、碳掉期、碳期权、碳租赁、碳债券、碳资产证券化和碳基金等碳金融产品和衍生工具，探索研究碳排放权期货交易。

（二十六）推动建立排污权、节能量（用能权）、水权等环境权益交易市场。在重点流域和大气污染防治重点领域，合理推进跨行政区域排污权交易，扩大排污权有偿使用和交易试点。加强排污权交易制度建设和政策创新，制定完善排污权核定和市场化价格形成机制，推动建立区域性及全国性排污权交易市场。建立和完善节能量（用能权）、水权交易市场。

（二十七）发展基于碳排放权、排污权、节能量（用能权）等各类环境权益的融资工具，拓宽企业绿色融资渠道。在总结现有试点地区银行开展环境权益抵质押融资经验的基础上，确定抵质押物价值测算方法及抵质押率参考范围，完善市场化的环境权益定价机制，建立高效的抵质押登记及公示系统，探索环境权益回购等模式解决抵质押物处置问题，推动环境权益及其未来收益权切实成为合格抵质押物，进一步降低环境权益抵质押物业务办理的合规风险。发展环境权益回购、保理、托管等金融产品。

图 4-29　《关于构建绿色金融体系的指导意见》

据统计，目前相关产品已经衍生出了 10 余种，包括绿色结构存款、CCER 质押贷款、碳债权等。

4.2.4　交易方式

目前，我国的碳排放权交易系统试点地区已经探索出了五种交易方式，分别是协议转让、竞价交易、挂牌点选、定价交易以及拍卖交易。下面我们来看一下这五种交易方式。

1. 协议转让

协议转让是在双方协商一致的情况下，通过协议的方式在交易系统内进行转让。图 4-30 所示为协议转让流程。

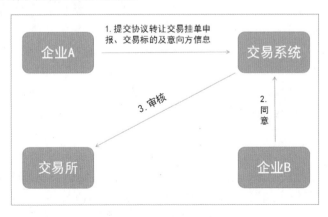

图 4-30　协议转让流程

专家提醒

不同的交易所对交易的数量、申报的价格等有不同的规定，交易双方在申报时需要仔细了解交易所的协议转让规则。例如，在广州碳排放权交易中心，协议转让的单笔交易数量应该达到 10 万吨或以上，而价格应该不高于前一个交易日收盘价的 130%，不低于前一个交易日收盘价的 70%。

2. 竞价交易

竞价交易是一种单向交易，通过交易方向相关机构提出卖出或买入的申请，交易机构便会发布公告，其他交易参与者便会按照规定去申请买入或卖出，然后在规定的时间内完成交易。

竞价交易还可根据单次交易的数量，分为整体竞价交易和部分竞价交易两种，如图 4-31 所示。

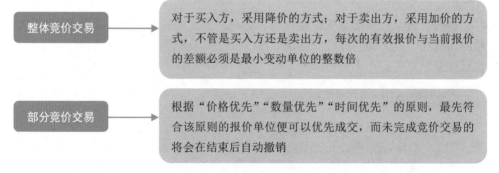

图 4-31 竞价交易分类

3. 挂牌点选

挂牌点选方式的原则是"价格优先""时间优先"。成交价一般是交易参与人提交申报时填写的申报价格。图 4-32 所示为挂牌点选流程。

4. 定价交易

当交易方进行交易时，会提出一个申报价格，而定价交易指的是在交易活动中，以申报价格的报价作为有效报价的交易方式。

这种方式采用的是"时间优先"的原则，即先到先得。当然，这个时间指的是交易所交易主机接收到的报价时间。

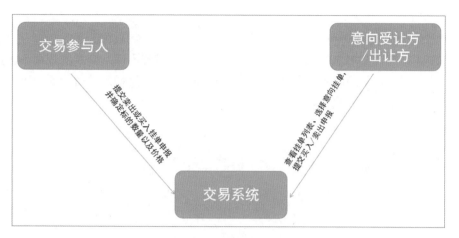

图 4-32　挂牌点选流程

5. 拍卖交易

拍卖交易所采用的方式便是拍卖，按照"价格优先""时间优先"的原则进行拍卖。

4.2.5　交易流程

碳排放权交易主要分为六步，分别是企业注册、配额发放、配额交易、排放量核查、交易、履约注销结转配额，如图 4-33 所示。其中，涉及的主体包括省级主管部门、企业、交易所、核查机构。

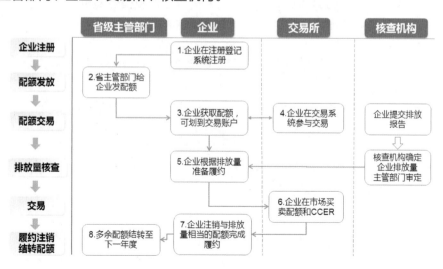

图 4-33　碳排放权交易流程

4.3 全球碳金融市场

在《京都议定书》生效后，全球的碳金融市场发展迅速，交易的规模不断扩大，且交易制度不断完善、参与的主体日渐增加。本节我们来了解一下全球碳金融市场的发展现状以及面临的风险。

4.3.1 发展现状

全球的碳金融市场的发展现状主要包括三个方面，如图 4-34 所示。

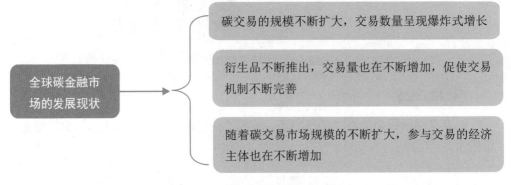

图 4-34 全球碳金融市场的发展现状

4.3.2 面临的风险

近年来，全球碳金融市场虽然在迅猛发展中，但是仍然不可以忽视它所要面临的风险。图 4-35 所示为全球碳金融市场面临的风险。

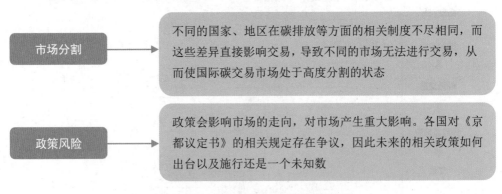

图 4-35 全球碳金融市场面临的风险

第5章

碳中和的技术体系

学前
提示

要想实现碳达峰、碳中和的目标，相关的技术是必不可少的，并且由于我国碳排放的强度高、排放量在全球占比大，对科技创新、技术发展提出了新的要求。本章我们便来看一下碳中和的技术体系。

5.1 我国碳中和技术发展总体目标路径

我国的碳排放量在全球的碳排放总量中的占比是比较大的，且我国的碳排放量强度高，这对我国碳中和技术的发展提出了更高的要求。为了更好地促进碳中和技术的发展，我国制定了碳中和技术发展总体目标路径。下面我们便来看一下碳中和技术发展总体目标路径的相关情况。

5.1.1 技术发展总体目标

为了更好地实现"双碳"目标，我国在碳中和技术上进行了重点投入，并提出了碳中和技术发展的总体目标，即以保障我国碳排放高质量达峰和实现碳中和目标为目的，提供技术可行、经济可承受的科技支撑。

根据"双碳"目标以及关于碳排放的有关规划，我国的碳排放趋势可以分为四个阶段，分别是达峰期、平台期、下降期以及中和期，如图 5-1 所示。另外，根据不同的减排需求，还有针对性地提出了相应的减排技术。

达峰期	• 高质量达峰需要兼顾经济社会可持续发展。减排手段主要集中在节能减排技术广泛推广、可再生能源技术应用占比提升、能效技术潜力进一步释放等，新兴技术需提前有序地部署以减轻未来的压力，从而实现我国预期的碳达峰目标
平台期 下降期	• 实现国内经济发展与碳排放完全脱钩，碳排放显著下降，核心的碳中和技术取得较大突破，大部分技术实现了规模化推广，能源系统逐步实现近零排放。这一阶段能效提升技术的贡献逐渐变小，主要减排手段集中在脱碳零碳技术规模化推广与商业化应用，脱碳燃料、原料和工艺全面替代，负排放技术广泛示范等
中和期	• 我国将要或者已经全面建成社会主义现代化强国，经济社会发展绿色低碳/脱碳转型已经完成，碳中和技术发展处于全球引领位置，脱碳、零碳和负排放技术得到进一步推广，全面支撑碳中和目标的实现

图 5-1 碳排放的四个阶段目标

5.1.2 行业目标下技术发展需求

根据不同行业的特性以及各部门排放结构情况，不同行业减排技术的发展需求不同。目前，电力、工业、建筑、交通等部门是我国最主要的碳排放来源。下面我们来看一下不同行业目标下技术发展的需求。

1. 电力部门

电力部门二氧化碳的排放相对较大，因此该部门是实现"双碳"目标的关键。对于电力部门来说，提高可再生资源的占比、提高能效是实现减排目标的主要手段。随着可再生能源占比的提高，大量非化石能源电力系统的安全性和灵活性便成了重点与难点，电力系统中的集成优化减排技术以及其他相关技术便需要尽快部署。

在电力系统减排初期，能源生产和利用效率技术将占很大一部分。随着电力系统中二氧化碳排放量的减少，甚至实现零碳排放后，该技术的贡献便会下降，而这时可再生能源以及核能发电、CCUS 等相关技术便会成为碳减排的主要技术，并进行相应的推广。

2. 工业部门

工业部门是碳排放的主力，也是在实现"双碳"目标过程中需要重点关注的领域。在工业领域减排前期，主要参与减排的技术是工业生产节能、提升产品利用率的节材技术等。

在工业部门，还有一些减排技术仍处在研发阶段，例如工艺革新技术、工业原料替代技术等，因此在初期阶段对碳减排的贡献相对较少。

随着减排效果的逐渐明显以及相关技术的成熟，各种相关技术的贡献占比也会发生变化。如当节材技术和工艺革新技术逐渐成熟后，前期占比较大的节能技术便会逐渐被淘汰。

3. 建筑部门

在碳排放的四个阶段中，我国建筑部门的碳排放已经进入第二阶段，即平台期。目前，建筑部门在该阶段最主要的减排技术为效率提升技术，而调整能源结构、建筑电气化等技术则需要在平台期进行积极部署，以帮助建筑部门更快地进入下降期以及中和期。

在建筑部门，要想实现零碳排放，最主要的方式便是优化能源结构，其中包括电气化的显著提升等。值得注意的是，在建筑行业与电力相关的技术也是非常重要的，如建筑负荷柔性化技术，该技术能够通过调节建筑负荷曲线从而实现电网友好。因此，加快这项技术的攻关进度，尽快将其推广至全国是非常有必要的。

4. 交通部门

随着经济的发展，越来越多的人能够买得起车，私家车也变得越来越多，这就造成交通部门减排难度高的情况。国际经验表明，在交通运输规模基本稳定的情况下，发达国家想要实现碳中和也是十分困难的。

在交通部门，减排最主要的手段是发展公共交通等需求减量技术以及提高能源利用效率的技术。燃料替代技术对现阶段碳排放的改善起到了关键作用，因此该技术应该积极研发并部署。同时，针对交通部门的供需矛盾，还应该将交通用能供需匹配技术应用并普及。而在航空运输以及海洋运输方面，到了碳排放中和期可能需要一些颠覆性技术才能更好地减少二氧化碳的排放。

5.1.3 优先部署的技术突破方向

"十四五"时期，是我国实现"双碳"目标的关键时期，因此在减排技术方面，应该积极部署好技术突破的方向。目前，我国减排技术突破的方向主要有五个，如图 5-2 所示。

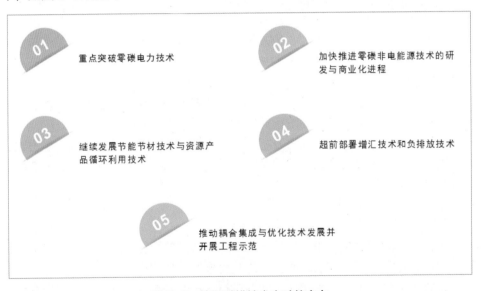

图 5-2 我国减排技术突破的方向

5.2 我国碳中和技术思路

减排技术的发展将会为我国减排工作添加一份助力，减排技术体系的构建会大大促进减排技术的发展。我国要构建碳中和技术体系，需要一条完善的碳中和技术思路。本节我们便来看一下我国的碳中和技术思路。

5.2.1 供给侧与消费侧角度

由于各种原因，我国在减排方面面临着巨大的挑战，在构思碳中和技术路线时，不仅要进行供给侧的调整，消费侧也需要积极响应。

针对"双碳"目标，能源供给部门需要大力发展清洁电力与燃料，实现电力和非电能源供给结构零碳转型。

而在能源消费侧，可以通过改变能源利用的形式，实现消费结构向电气化、低碳化过渡。与此同时，在工业过程中，如果将清洁能源替代化石能源，并改造流程，可以大幅度降低生产过程中的碳排放。

5.2.2　技术特点角度

从各种减碳技术特点的角度出发，我国的碳中和技术路线可从以下三个方面进行考虑，如图 5-3 所示。

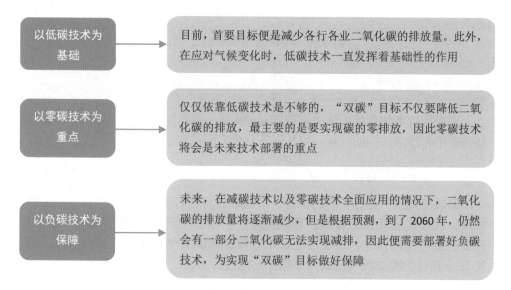

| 以低碳技术为基础 | 目前，首要目标便是减少各行各业二氧化碳的排放量。此外，在应对气候变化时，低碳技术一直发挥着基础性的作用 |

| 以零碳技术为重点 | 仅仅依靠低碳技术是不够的，"双碳"目标不仅要降低二氧化碳的排放，最主要的是要实现碳的零排放，因此零碳技术将会是未来技术部署的重点 |

| 以负碳技术为保障 | 未来，在减碳技术以及零碳技术全面应用的情况下，二氧化碳的排放量将逐渐减少，但是根据预测，到了 2060 年，仍然会有一部分二氧化碳无法实现减排，因此便需要部署好负碳技术，为实现"双碳"目标做好保障 |

图 5-3　碳中和技术特点角度的技术思路

5.2.3　其他角度

"双碳"目标涉及方方面面，该目标的实现是一项系统性工程，不同领域中不同的低碳、零碳、负碳技术的组合形成了一个多维的复杂系统。

除了可以从供给侧、消费侧以及技术特点角度发展减排技术外，我们还可以从其他角度来思考碳中和技术路线，如系统目标、产业关系、技术应用等，如图 5-4 所示。

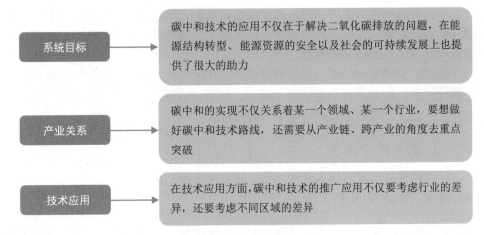

图 5-4 碳中和其他角度的技术思路

5.3 碳中和技术体系

　　碳中和技术体系的构建可以帮助我们更快、更好地实现碳中和目标，而对于我国碳中和技术体系的构建，可从以下几个方面来考虑。

5.3.1 节能提效技术

　　节能提效技术是为了节约能源，降低能源消耗的碳排放强度，提升能源使用效率，促进清洁能源的发展。节能提效技术包括化石能源清洁高效利用、煤气化联合循环发电技术，以及工业、农业等领域的节能减排与提质增效技术等。图 5-5 所示为整体煤气化联合循环工艺流程。

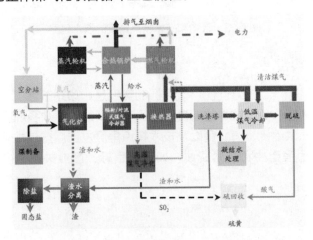

图 5-5 整体煤气化联合循环工艺流程

整体煤气化联合循环（integrated gasification combined cycle，IGCC）是一项发电技术。该技术通过将煤炭、生物质等多种含有碳的燃料进行气化，然后再进行净化，经过净化后的合成气再用于燃气—蒸汽联合循环发电。图 5-6 所示为 IGCC 的原理。

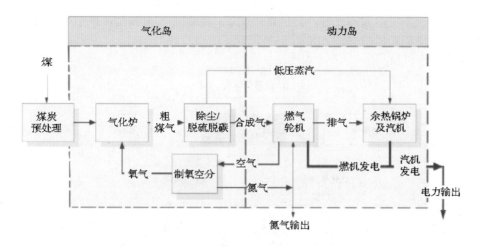

图 5-6　IGCC 的原理

IGCC 主要由两部分构成：第一部分是气化岛，主要包括气化炉、空分装置和煤气净化等设备；第二部分为动力岛，主要设备有燃气轮机、余热锅炉和汽机。IGCC 的优点如图 5-7 所示。

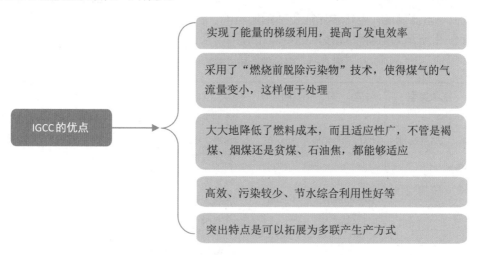

图 5-7　IGCC 的优点

5.3.2　零碳电力能源技术

零碳电力能源技术主要是帮助供给侧电力在生产和输送过程中完成零碳化的改造，为终端用能电气化提供基础，推动电力系统的转型升级。零碳电力能源技术主要包括可再生能源电力与核电技术、储能技术和输配电技术等。

储能技术可以分为三种，分别是热储能、电储能和氢储能，其中电储能又包括电化学储能和机械储能，如图 5-8 所示。

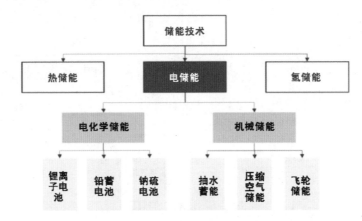

图 5-8　储能技术分类

储能技术又可以分为机械储能、电磁储能和电化学储能三大类，其中机械储能包括抽水蓄能、压缩空气储能、飞轮储能三种；而电磁储能包括超导磁储能、超级电容器储能；电化学储能包括铅酸电池、液流电池、钠硫电池和锂离子电池。表 5-1 所示为各种储能技术的特点和应用场合。

表 5-1　各种储能技术的特点和应用场合

技术类型		功　率	时　间	特　点	应用场景
机械储能	抽水蓄能	100~3000mW	4~10h	适于大规模储能，技术成熟。响应慢，受地理条件限制	调峰、日负荷调节，频率控制，系统备用
	压缩空气储能	10~300mW	1~20h	适于大规模储能，技术成熟。响应慢，受地理条件限制	调峰、调频，系统备用，平滑可再生能源功率波动
	飞轮储能	0.002~3mW	1~1800s	寿命长，比功率高，无污染	调峰、频率控制、不间断电源、电能质量控制

技术类型		功率	时间	特　点	应用场景
电磁储能	超导磁储能	0.1~100mW	1~300s	响应快，比功率高，低温条件，成本高	输配电稳定、抑制振荡
	超级电容器储能	0.01~5mW	1~30s	响应快，比功率高，成本高，比能量低	电能质量控制
电化学储能	铅酸电池	几千瓦至几万千瓦	几分钟至几小时	技术成熟，成本低，寿命短，存在环保问题	备用电源，黑启动
	液流电池	0.05~100mW	1~20h	寿命长，可深度放电，便于组合，环保性好，储能密度稍低	备用电源，能量管理，平滑可再生能源功率波动
	钠硫电池	0.1~100mW	数小时	比能量与比功率高，高温条件，运行安全问题有待改进	电能质量控制，备用电源，平滑可再生能源功率波动
	锂离子电池	几千瓦至几万千瓦	几分钟至几小时	比能量高，循环特性好，成组寿命有待提高，安全问题有待改进	电能质量控制，备用电源，平滑可再生能源功率波动

目前，智能电网中运用了储能技术，该技术也是关键支撑技术之一。储能技术的运用能够帮助优化系统的能量管理，提高设备的利用率和系统效率。

5.3.3　零碳非电能源技术

零碳非电能源技术主要解决的问题是电力密度不够、无法储存的情况，它与电力能源一起构成了零碳能源系统，是电力能源的补充。零碳非电能源技术主要包括可再生能源 / 资源制氢、用氢、零碳非氢燃料、供暖等技术。图 5-9 所示为制氢技术路线。

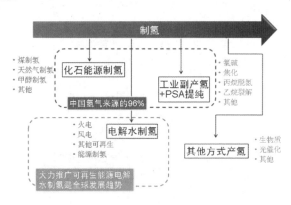

图 5-9　制氢技术路线

氢能的利用有的已经实现了，有的还在实验中。目前，氢能的利用有氢动力汽车、氢能发电等。随着氢能利用技术的不断发展，未来氢能的利用将会广泛应用于人类生活的方方面面。图 5-10 所示为氢能利用技术。

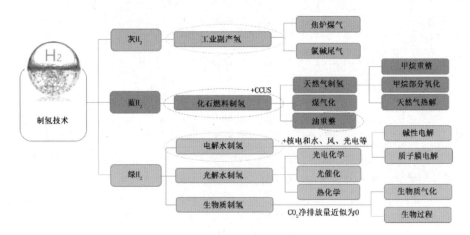

图 5-10　氢能利用技术

5.3.4　燃料原料代替技术

燃料原料代替技术主要包括燃料替代技术、原料替代技术、资源回收与循环利用技术等。它主要解决的是燃料与原料替代工艺和流程的问题，利用工艺过程的改进和技术变革提供低碳和零碳产品。

5.3.5　非二温室气体削减技术

除了二氧化碳以外，还有一些其他的温室气体，如甲烷、氧化亚氮、氢氟碳化物、全氟碳化物、六氟化硫、三氟化氮和黑碳等，这些称为非二温室气体。表 5-2 所示为主要的六种温室气体。

表 5-2　主要的六种温室气体

温室气体	GWP（全球变暖潜能值）	排放来源
二氧化碳	1	石化燃料燃烧、砍伐（燃烧）森林
甲烷	21	垃圾场、农业、天然气、石油及煤炭、家畜排泄物
一氧化二氮	310	氮化物肥料使用
全氟化合物	6500~9200	铝制品、半导体、灭火器
柜式三氟甲烷	11700	灭火器、半导体、喷雾剂
六氟化硫	23900	电力设施、半导体、镁制品

除二氧化碳以外，其他温室气体的减排也不能忽视，如甲烷。甲烷是仅次于二氧化碳对气候有影响的温室气体。在过去的 100 年里，大气中甲烷的浓度一直在增加，而且增加到了原来的三倍左右。甲烷主要来自垃圾填埋场、污水处理厂、生物的消化系统等。

一氧化二氮也是造成温室效应加剧的一个重要气体，它也是臭氧消耗的主要自然催化剂，加速了臭氧层的消耗。目前，大气中一氧化二氮的主要来源是硝酸的生产过程。一氧化二氮也称为"笑气"，可用于牙科/外科麻醉、食品加工助剂等，如图 5-11 所示。

图 5-11　一氧化二氮的用途

对于温室气体的排放问题，应该从气体的源头、过程以及末端这三个方面进行处置，从而降低负排放技术的负担。除了二氧化碳，还应该多关注非二温室气体，研发并应用非二温室气体削减技术。此外，还可以对非二温室气体进行再利用，以降低减排的压力。

5.3.6　CCUS 技术

CCUS 技术前面已经详细介绍过了，这里不再赘述。我们来看一下我国CCUS技术路线。我国CCUS技术路线主要包括五个阶段，分别是示范项目阶段、商业应用阶段、新型技术阶段、初步集群阶段以及广泛部署阶段，如图 5-12 所示。

值得注意的是，在二氧化碳净零排放过程中，CCUS 技术是能够有效应对现有基础设施造成的排放问题的技术之一。目前，我国的碳捕集技术主要应用在煤电行业，并开展了多项相关项目，如表 5-3 所示。

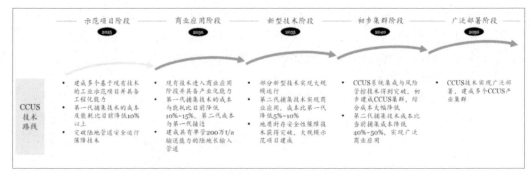

图 5-12　中国碳捕集利用与封存技术发展路线

表 5-3　国内部分 CCUS 和 CCS 示范项目情况

项目名称	捕集方式	规　模	利用与封存方式	投运情况
华能集团上海石洞口碳捕集示范项目	燃煤电厂燃烧后捕集	12 万吨 / 年	食品级和工业利用	2009 年投运间歇运营
中电投重庆双槐电厂项目	燃煤电厂燃烧后捕集	1 万吨 / 年	工业利用	2010 年投运在运营
中国石化胜利油田碳捕集和驱油示范项目	燃煤电厂燃烧后捕集	第一阶段 4 万吨 / 年第二阶段 100 万吨 / 年	驱油	一阶段2010 年投运
华中科技大学富氧燃烧项目	燃煤电厂富氧燃烧	10 万吨 / 年	工业利用	2014 年建成暂停运营
连云港清洁煤能源动力系统研究设施	IGCC燃烧前捕集	3 万吨 / 年	盐水层封存	2011 年投运在运营
神华集团鄂尔多斯CCS 示范项目	煤化工燃烧前捕集	10 万吨 / 年	盐水层封存	2011 年投运2015 年暂停
延长石油 CCUS 项目	煤化工燃烧前捕集	5 万吨 / 年	站边油田驱油	2012 年建成在运营
天津北塘电厂 CCUS项目	燃煤电厂燃烧后捕集	2 万吨 / 年	食品级利用	2012 年投运在运营
新疆敦华公司项目	石油炼化厂燃烧后捕集	6 万吨 / 年	克拉玛依油田驱油	2015 年投运在运营

5.3.7　集成耦合与优化技术

　　集成耦合与优化技术旨在通过集成优化相关的减排技术，使得各类技术能够在一定场景下实现组合，从而达到最优减排效果，并加强碳中和目标以及社会经济发展目标之间的协同。该技术主要包括能源互联、产业协同、节能减污降碳、管理支撑等技术。

第6章

碳中和的挑战与机遇

学前提示

不管在哪个国家，要想实现碳达峰、碳中和的目标，一定会面临挑战。但同时，有挑战就有机遇，"双碳"目标的提出可以促进零碳城市、智慧城市等发展。本章我们便来具体了解一下碳中和面临的挑战与机遇。

6.1 碳达峰碳中和面临的挑战

近年来，我国一直致力于降低二氧化碳的排放量、应对气候变化，并且取得了一些成绩。但是由于我国存在二氧化碳的排放总量大等问题，要想尽早实现"双碳"目标，还面临着很大的挑战。本节我们便来看一下我国在实现"双碳"目标过程中面临的挑战。

6.1.1 排放总量大

由于我国经济发展的速度快，用能需求量大，且能源结构中煤炭占第一位，使得我国的碳排放量不断增加。

根据中研普华产业研究院发布的《2023—2038 年中国碳中和产业深度调研与投资机会分析报告》显示，我国 2021 年第一季度的碳排放量同比增长了 15%。从 2020 年 4 月到 2021 年 3 月，我国的碳排放量还创下了历史新高，排放了近 120 亿吨的二氧化碳。

煤炭的使用是造成二氧化碳排放过多的原因之一。2019 年，我国煤炭的消费比重就占到能源消费总比重的 58%，并且人均碳排放比世界平均水平高出了 46%。在我国 2021 年第一季度二氧化碳的排放增长总量中，有 70% 左右的增长量是因为煤炭使用量的增加。尽管在过去 10 年里，我国的煤炭使用总量呈现下降趋势，但是其占比还是很高。

我国煤炭的使用量很大，其在我国能源产业结构中占据主导地位。目前，煤炭在我国能源产业中的地位无法作出很大改变，这对于我国"双碳"目标的实现无疑增加了很多难度。

要想解决我国碳排放总量大的问题，减少煤炭的总使用量是非常重要的。而要想降低煤炭的总使用量，首先应该采取相应的措施去除散煤，然后减少工业生产过程中煤炭的使用。

6.1.2 减排时间紧

我国目前处在工业化的中后期，在我国产业中，"三高一低"产业仍然占很高的地位。我国仍然处于城镇化快速发展的阶段，能源结构以及产业结构都有着高碳的特点。

我国要想在短期内调整经济结构，转型升级能源产业结构是很困难的。根据我国提出的"双碳"目标，要用不到 10 年的时间改变我国的能源结构和产业结构，减少二氧化碳的排放。然后再用 30 年左右的时间快速降低二氧化碳的排放，以实现碳中和。

也就是说，从现在开始到碳中和目标的实现，中间没有任何缓冲期，实现了碳达峰之后便立马进入实现碳中和目标的过程中。因此，我国在实现节能减排、实现"双碳"目标方面要付出很多努力。

6.1.3　制约因素多

节能减排问题不仅是气候环境方面的问题，它还涉及许多方面，例如社会、经济、能源等。在节能减排、实现"双碳"目标时，要考虑诸多因素，如可再生能源的问题。在可再生能源上，有两个问题亟待解决，一个是可再生能源的消纳问题，另一个是可再生能源的存储问题。

可再生能源的清洁高效利用是实现"双碳"目标的重要一步，但是非化石能源的普遍应用会面临远距离运输、储能等技术问题，还会遇到电网体制机制的问题。这些问题都会提高可再生能源利用的成本，进而影响可再生能源的消纳，从而制约可再生能源的长远健康发展。

此外，有些可再生能源还会受到自然资源的影响，如风电、光伏、潮汐等，具有很强的不确定性，而且生物质供应的源头不集中，导致收集困难。因此，我国在进行能源转型升级时还需要发挥煤电的兜底作用，才能保障我国经济发展过程中电力供应的安全性、连续性。与此同时，我国电力主要以省为区域进行平衡，跨省的配置相对不足，严重制约了可再生能源的大范围配置。

除了可再生能源外，制约我国节能减排进度的因素还有以下四种，如图 6-1 所示。

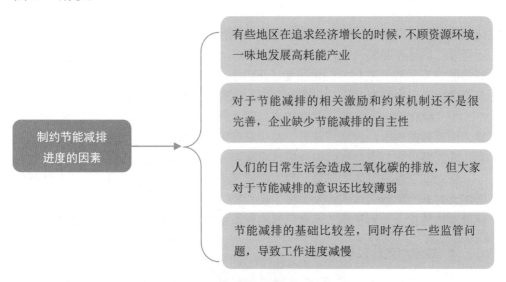

图 6-1　制约节能减排进度的因素

制约我国"双碳"目标实现的因素包括方方面面，不仅在于以上这些方面，在实现"双碳"目标时还需要统筹考虑能源安全、社会民生、经济增长、成本投入等诸多方面的因素，不能顾此失彼。

6.1.4 关键技术有待突破

目前，已经有大部分国家公布了自己的碳中和目标。随着碳中和目标的提出，对于相关技术的研发，各国普遍开始重视。在未来，能源、工业、交通、建筑等领域内的减排技术将会得到发展，同时这些领域也都将进入技术变革的时代。

欧盟、美国等发达国家在零碳技术方面进行了长期研究，已经走在世界前列，欧盟甚至提出了技术目标，即在 2030 年以前，争取相关技术超越其他国家。

我国最近才公布"双碳"目标，也就导致许多针对碳排放的技术没有得到足够的重视，在节能减排技术上应该尽快明确研发方向，加大减排技术的研发力度，重点突破减排节能的关键技术。

我国与世界各国都在加紧研发减排的相关技术，很多关键技术有待突破，如电动车缩短充电时间、废旧电池的充电问题等。

6.1.5 认知误区

在实现"双碳"目标的过程中，有些人对于"双碳"目标还存在一些误区，下面我们来看一下具体有哪些误区。

1．控碳＝控二氧化碳

有很多人简单地认为，控碳便是控二氧化碳，其实不是这样的。温室气体中还有非二氧化碳温室气体，即非二温室气体，这些气体也影响着全球气候的变化。联合国政府间气候变化专门委员会（IPCC）第五次报告中就曾指出，全球自工业革命以来，大约有 35% 的温室气体辐射是因为非二温室气体的排放。

与二氧化碳相比，非二温室气体有三大特点，分别是减排成本低、响应速度快、协同效益明显。这就意味着，减少非二温室气体排放比减少二氧化碳排放容易，同时减少非二温室气体排放将是实现温控目标相对快捷的方式。

针对非二温室气体的排放，我国同样高度重视，并在"十四五"规划中提出要加大对非二温室气体的控制力度。但我国"双碳"目标的提出比较晚，且二氧化碳排放总量大，对于非二温室气体的重视相对较弱，且缺乏完善的顶层设计。

2．控碳＝政府控碳

不管是哪个国家，控制二氧化碳的排放都不能仅仅依靠政府的力量，还需要市场和社会的力量。简单地认为"控碳＝政府控碳"的人，忽视了市场和社会需求管理的潜力。

在有些地区，政府还没有全面了解到本地碳排放的具体情况，或者对于"双碳"战略如何实施还比较茫然。如果这时候由政府全权处理的话，可能会在一定程度上起到一定的作用，但是长久如此，将会严重影响企业和人们的生产生活。在进行控碳的过程中，不能忽视市场的客观规律。

除此之外，我国在减排的过程中一直都聚集于供给端，而忽视了对社会需求端的管理。根据国外的相关经验可知，让全社会形成绿色、低碳、健康的生产生活方式对于实现"双碳"目标有着重要作用。

3．只从自我认知角度谈论碳中和

不管是了解一个人还是了解一件事，都不能仅凭自己的主观意志，不能只从自我认知角度考虑。对于碳中和，很多人只有一些片面的了解，便从自我认知的角度来谈论，以致出现了碳核算无用论、呼吸排碳要中和等论调。

经过多年的发展，关于碳排放以及碳减排方面的核算已经形成了一套完整的方法，如 IPCC 国家清单核算指南、温室气体议定书、MRV（monitoring、reporting、verification，监测、报告、核查）体系、温室气体排放核算指南等，碳管理也发展成为一个独立的行业。图 6-2 所示为《IPCC2006 年国家温室气体清单指南 2019 修订版》及中国排放情况。

MRV 体系主要指的是对温室气体排放的可监测、可报告、可核查的关系，其主要包括监测、报告、核查三个部分。图 6-3 所示为监测、报告、核查的关系。

MRV 核算的方法主要有两个，一个是基于计算的方法，包括标准法和质量平衡法。标准法主要是由活动数据和排放因子而得出的，如图 6-4 所示；质量平衡法的计算公式如图 6-5 所示。

另一个指的是基于测量的方式，这个方式多应用于 CEMS（continuous emission monitoring System，烟气自动监控系统），其核算公式如图 6-6 所示。

我国广东省在 MRV 体系方面已经进行了实践。图 6-7 所示为广东碳排放 MRV 体系框架，其中包括法规制度、技术文件、系统工具、能力培训四个方面。

图 6-8 所示为广东碳排放 MRV 体系的特点，主要包括三个方面，分别是可持续性、成本效益平衡、可操作性。

国际碳排放 MRV 体系与我国碳排放 MRV 体系相比，既有相同的地方，也有不同的地方。相同的地方主要有三个方面，分别是排放核算、报告及核查工作的开展均制定了相应的法律法规，为碳排放核算、报告及核查工作建立了（或正在建立）相应的核算及核查标准（技术规范），均监测了六种温室气体；而不同的地方也有三点，如表 6-1 所示。

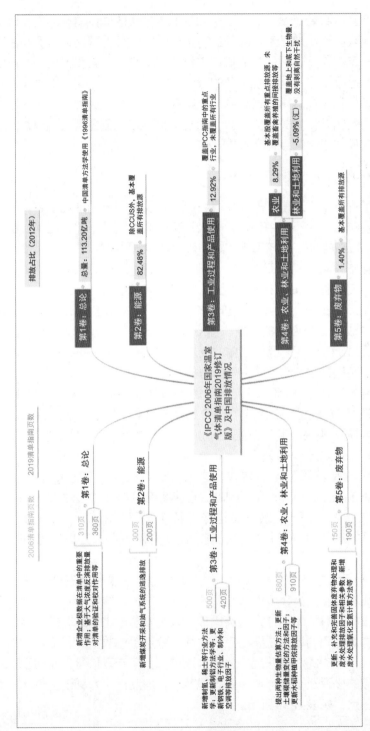

图6-2 《IPCC2006年国家温室气体清单指南 2019 修订版》及中国排放情况

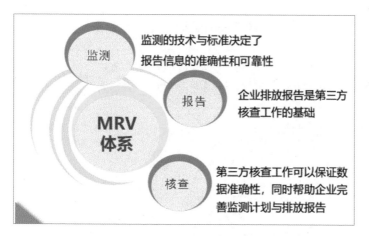

图 6-3　监测、报告、核查的关系

温室气体排放＝活动数据×排放因子

图 6-4　标准法核算公式

温室气体排放＝(进入核算边界的碳质量
−离开核算边界的碳质量)×44/12

图 6-5　质量平衡法核算公式

温室气体排放＝烟气流量×烟气中CO_2/温室气体浓度

图 6-6　基于测量的核算公式

4．只从经济层面来谈论碳中和

有很多人认为碳中和只是在经济层面，只有具有经济性的技术才能够用在实现碳中和的目标中，像节能技术、发展新能源车等。如果某项技术不具备经济性，不管它是否能够减排、减排的力度有多大，都不被认为是有用的技术。

提出"双碳"目标是为了减少二氧化碳的排放，哪怕不具备经济性，只要该技术能够帮助减少二氧化碳的排放，那么该技术便是可用的技术。

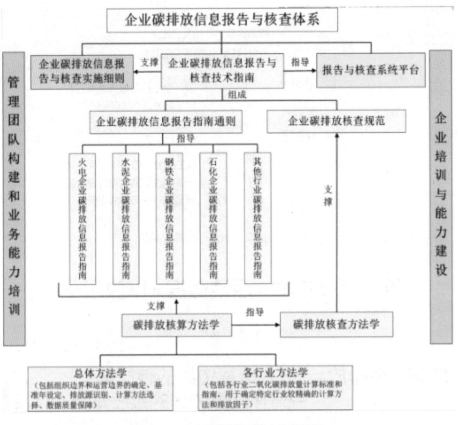

图 6-7　广东碳排放 MRV 体系框架

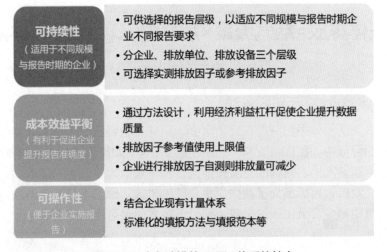

图 6-8　广东碳排放 MRV 体系的特点

表 6-1　国际碳排放 MRV 体系与我国碳排放 MRV 体系的不同

	国内	国际
法律基础	我国有效的法规政策相对滞后，在全国人大层面设立相关的法律法规依然是空白	美国和欧盟都颁布了较高层次的专门立法，美国采用的是联邦立法形式，欧盟采用的是区域整体立法形式
核算方法	仅限于能源消耗值的计算法和排放系数法两者结合来核算温室气体排放量	一是直接排放监测；二是根据生产的燃料数量、燃料含碳量等相关数据计算温室气体排放量
核查方式	我国因为计量数据基础薄弱，无法支持在线监测及电子核查，目前主要依据相应的核查指南采用第三方核查机构进行现场核查的方式开展工作	美国的核查包括第二方核查和第三方核查，其中第三方核查是依据第三方核查机构认证程序开展核查，是为碳交易服务的；第二方核查是为报告制度服务的，采用的是全面的电子核查与适当的现场审核相结合的核查方式

6.2　碳达峰碳中和的机遇

"双碳"目标的提出，有利于我国能源、交通、建筑等领域转型升级，促进多个领域绿色健康发展，如城市方面，零碳城市、智慧城市的发展；工业方面，打造零碳新工业体系；农业方面，新农业的提出。

6.2.1　零碳城市

什么是零碳城市？零碳城市指的是最大限度地减少温室气体排放的环保型城市。提出零碳城市目标是因为温室气体过度排放而造成全球气候变暖。零碳城市也被称为生态城市。下面我们来看一下零碳城市的各组成部分以及案例。

1．零碳城市各组成部分

零碳城市是由各组成部分的节能化、环保化而实现的，如零碳政府、零碳能源、零碳建筑、零碳交通、零碳企业等。下面我们来看一下零碳城市的各组成部分。

1）零碳政府

政府机关是城市中碳排放较多的地方，而零碳政府旨在打造一个低碳型政府。在打造零碳政府方面，北京市提出将政府机构节能工程列入政府重点工作之一，并选择了 10 家机构作为打造零碳政府、节能改造的试点单位。

2）零碳能源

能源中煤炭是造成碳排放过多的因素之一。目前，为了降低二氧化碳的排放量，世界各国都在发展潮汐能、太阳能、核能等清洁能源。我国的成都市便从生物质能源等方面来改善能源结构。

3）零碳建筑

建筑也是碳排放的大户，其能耗占据城市能耗的 40% ~ 50%。在早期，我国很少会考虑建筑能耗的问题，特别是那种大体量的公共建筑。

怎么使用零碳建筑、降低建筑行业的能耗呢？一方面需要依靠设计师对节能减排理念的提升，另一方面还需要制定相关的法律法规。此外，还有在建筑过程中使用能够节能减排的材料等。

上海市以及青岛市曾实行过"平改坡"工程。该工程的实现能够节能大约 5%，而且该工程的建成一方面是美观节能，另一方面还改善了顶层居民的保温问题。图 6-9 所示为青岛市"平改坡"工程。

图 6-9 青岛市"平改坡"工程

4）零碳交通

零碳交通主要是在交通上实现零碳排放。在城市交通中，汽车的碳排放所占比重很大，有的地区占比高达 20%，汽车尾气也严重影响了城市中的大气质量。为了更好地实现零碳交通，各部门正在加快新能源汽车相关技术的研发，汽车的燃料应尽量使用可再生能源，人们应多乘坐公共交通工具。

5）零碳企业

目前，越来越多的企业都以"碳排放量为零"为目标，并且不断地推行节能措施，使用可再生能源进行生产。

2．零碳城市案例

为了减少二氧化碳的排放，各大城市都在加快建设零碳城市的步伐。下面我们来介绍零碳城市案例。

1）丹麦哥本哈根

20 世纪 70 年代，由于石油危机，丹麦的经济受到重创。丹麦决定摆脱化石能源的依赖，并发起了"无车日"活动，即在周日全国人民停止驾驶机动车。

丹麦政府还调整了能源政策，大力发展本国的可再生能源，同时提高能源的利用效率。

2009 年，哥本哈根就提出计划，即在 2025 年建成世界上第一个零碳排放城市。该计划主要分为两个阶段：第一阶段的目标是要在 2005 年碳排放量的基础上，在 2015 年前将哥本哈根的二氧化碳排放量降低 20%；第二阶段的目标是要在 2025 年将哥本哈根二氧化碳的排放量降低为零。

除此之外，哥本哈根政府还成立了专门的行动小组，并在减少碳排放方面提出了详细的行动计划。该计划包括 50 多个项目，其中包括鼓励市民绿色出行、大力发展可再生能源等。

2）中国无锡

2021 年，我国江苏省无锡市在相关会议上提出了打造零碳城市的目标，并且提出要想实现"双碳"目标，打造零碳城市，要先打好以下四张牌，具体内容如下。

- 打造零碳科技产业园。政府打算在无锡高新区建设零碳科技产业园，并要将其打造成为全国知名的零碳技术集聚区、产业示范区。
- 创设零碳基金。通过设立一批基金，能够加强无锡和国内大型股权投资机构的合作，从而引导更多的社会资本进入绿色产业。
- 建设碳中和示范区。无锡政府打算在经开区建设碳中和示范区，在建设示范区时要紧扣"源、网、荷、储、碳"五大环节。
- 建设创新零碳谷。无锡市打算在宜兴环科园建设创新零碳谷。

2021 年 5 月，无锡发布了零碳科技产业园规划，并将太湖湾科创城作为无锡零碳科技产业园的承载地，如图 6-10 所示。

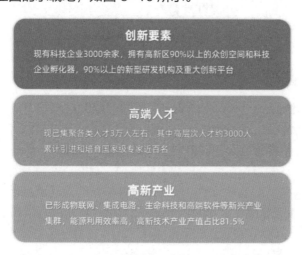

图 6-10　在太湖湾科技城打造无锡零碳科技产业园

无锡政府还提出要瞄准五地定位，实施五大工程，实现五个倍增。其中，五地指的是产业要素集聚地、低碳人才汇集地、行业应用示范地、绿色技术策源地、国际交流首选地，如图6-11所示。五大工程指的是科技创新驱动工程、产业联动辐射工程、应用示范推广工程、绿色金融助推工程、低碳人才引育工程。图6-12所示为科技创新驱动工程的四大方法。

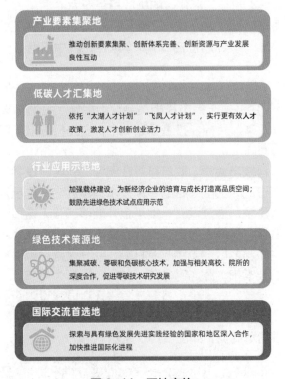

产业要素集聚地
推动创新要素集聚、创新体系完善、创新资源与产业发展良性互动

低碳人才汇集地
依托"太湖人才计划""飞凤人才计划"，实行更有效人才政策，激发人才创新创业活力

行业应用示范地
加强载体建设，为新经济企业的培育与成长打造高品质空间；鼓励先进绿色技术试点应用示范

绿色技术策源地
集聚减碳、零碳和负碳核心技术，加强与相关高校、院所的深度合作，促进零碳技术研究发展

国际交流首选地
探索与具有绿色发展先进实践经验的国家和地区深入合作，加快推进国际化进程

图 6-11　五地定位

6.2.2　智慧城市

什么是智慧城市？"智慧的城市"愿景于2010年被IBM（international business machines corporation，国际商业机器公司或万国商业机器公司）正式提出，目的是希望为世界的城市发展贡献自己的力量。

IBM的研究认为城市由六个核心系统组成：组织（人）、商业、运输、通信、水和能源。这些系统不是零散的，而是以一种协作的方式相互衔接，城市则是由这些系统所组成的宏观系统。图6-13所示为现代城市的六大核心。

IBM最早在2008年提出"智慧地球"和"智慧城市"的概念。2010年，IBM正式提出了"智慧的城市"愿景。图6-14所示为智慧城市全景图。

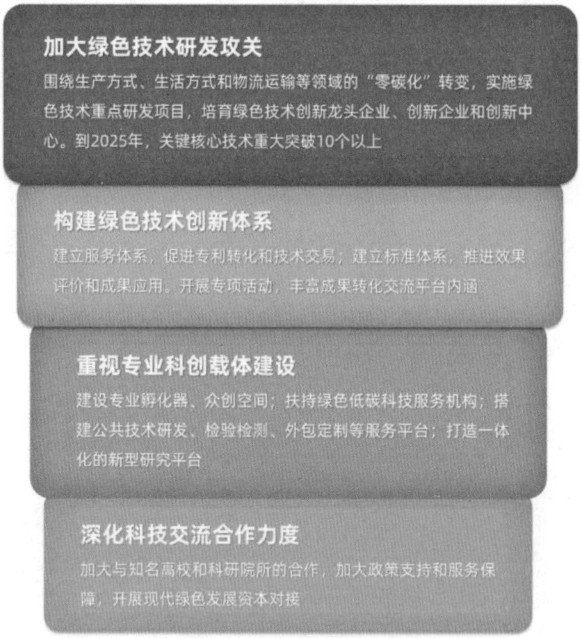

加大绿色技术研发攻关
围绕生产方式、生活方式和物流运输等领域的“零碳化”转变，实施绿色技术重点研发项目，培育绿色技术创新龙头企业、创新企业和创新中心。到2025年，关键核心技术重大突破10个以上
构建绿色技术创新体系
建立服务体系，促进专利转化和技术交易；建立标准体系，推进效果评价和成果应用。开展专项活动，丰富成果转化交流平台内涵
重视专业科创载体建设
建设专业孵化器、众创空间；扶持绿色低碳科技服务机构；搭建公共技术研发、检验检测、外包定制等服务平台；打造一体化的新型研究平台
深化科技交流合作力度
加大与知名高校和科研院所的合作，加大政策支持和服务保障，开展现代绿色发展资本对接

图 6-12　科技创新驱动工程的四大方法

人
商业
运输
六大核心
通信
水
能源

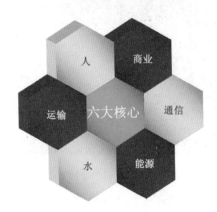

图 6-13　现代城市的六大核心

智慧城市的产生及其“走红”都是无法阻挡的趋势。不管是社会的发展、政策的扶持，还是经济的发展，都推动了智慧城市的产生。

银川虽然位于我国内陆的不发达地区，但它很早就开始建设智慧城市，并通过采用“一图一网一云”整体架构来推动智慧城市的进程。这个架构不仅可以满足现在的建设要求，同时不会阻碍对未来银川智慧城市延伸扩展的建设。图 6-15 所示为银川智慧城市运营管理智慧中心。

图6-14　智慧城市全景图

图6-15　银川智慧城市运营管理智慧中心

　　"一图"就像人类感知的器官，在应用中，通过结合三维全景图，利用部署好的感知终端定位城市中不同要素的空间节点；"一网"就像是负责传输信息的神经，通过连接城市中光网络里的空间节点，将数据从"一图"传输到"一云"；而"一云"则像是负责思考、记忆的大脑，存储并挖掘分析"一网"传输过来的数据，从而使数据产生价值。

　　此外，银川还从"顶层设计""商业模式""管理模式""专业监管""立法保障""改革创新"六大创新支撑体系来建设智慧城市，打破"信息孤岛"，如图6-16所示。

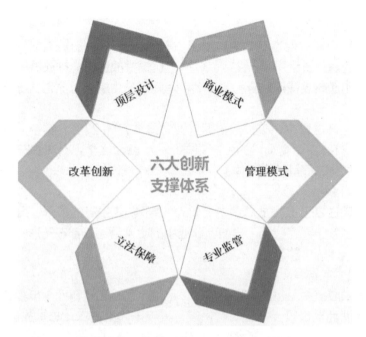

顶层设计 商业模式
改革创新 六大创新支撑体系 管理模式
立法保障 专业监管

图 6-16　银川智慧城市六大创新支撑体系

6.2.3　零碳新工业体系

零碳新工业体系指的是与生产零碳能源相关的装备制造业,包括使用零碳能源、材料并以生产零碳产品为目标的各类产业。我国内蒙古、东北地区有着大量的低成本绿色能源,未来将成为零碳新工业体系的重点发展区域,同时其发展过程具有不平衡、不均匀分布的特点。

其中一个典型的例子便是电动汽车产业。在电动汽车产业中,由于将动力能源从燃油改成了电力,从而使得汽车制造业发生了革命性变化,中国的汽车制造业也得到了飞速发展。

6.2.4　新农业

农业既能够帮助吸收二氧化碳,同时也是二氧化碳等温室气体的排放源。例如,毁林、泥炭地排干等活动都会排放二氧化碳。下面我们来看一下农业碳排放情况和新农业。

1. 农业碳排放情况

农业从生产到使用,再到废弃物处理的全过程,都有可能产生碳排放。农业具体可以分为四个部门,分别是畜牧业和渔业、粮食生产、土地利用、食品供应链。

1）畜牧业和渔业

畜牧业和渔业中温室气体的排放量占农业温室气体总排放量的31%。反刍动物在正常的消化过程中会产生甲烷，并且这类排放量占总排放量的25%以上。此外，牧场和渔船会使用燃料，这些燃料消耗所产生的碳排放也归于此类。

2）粮食生产

在粮食生产过程中，碳排放占据农业总排放量的27%。其中，农作物生产的碳排放占21%，动物饲料的生产碳排放占6%，化学肥料在生产和使用过程中会产生一氧化二氮等温室气体。

3）土地利用

土地利用占农业碳排放总量的24%。由于农业生产的扩张，原本的森林、草原都变成了农田或者牧场，再加上农业中的收割活动，都在无形中增加了二氧化碳等温室气体的排放。

4）食品供应链

在食品供应链中，包括食品的加工、运输、包装和零售四个步骤，都会有能源、资源的消耗，最终会产生二氧化碳，其碳排放量占农业总排放量的18%，其中食品运输环节占6%。在食品供应链中，最主要的问题是食物浪费，因此而产生的二氧化碳也被浪费掉。

2．新农业

新农业是相对于传统农业而言的，也可以称为现代农业。新农业是一种投入高、产出高的农业形态，能够在一定程度上减少二氧化碳的排放，其主要特点如下。

1）广泛运用现代科技手段

在新农业中，应用了各种现代科技手段，其中包括生产农产品时的农艺技术、育苗阶段的相关技术、信息技术等。

2）流通市场化

在新农业中，不仅农产品的流通市场化，一些关键的生产要素的流通也有着市场化的特征。

3）生产单位组织形式结构化

传统农业主要是以家庭为单位的生产模式，而新农业则是以机构化为主的生产模式，采用现代化管理模式进行管理。

4）可持续化

相对于传统农业，新农业采用的生产方式为环境友好型，因此能保障农业发展的可持续性。

第 7 章
在工业领域的应用

学前
提示

　　工业关系着国民经济的发展，但是工业中的碳排放问题比较严重。18世纪第一次工业革命爆发后，全球的工业得到了迅速发展，也因此排放了大量的二氧化碳。本章我们便来看一下工业行业中碳排放的情况。

7.1 工业概况

通过对自然资源进行采集以及对原材料进行加工的部门便是工业部门。它是社会分工发展的产物，碳中和目标的实现与工业有着密切关系。本节我们先来看一下工业概况。

7.1.1 工业地位作用

工业是影响一个国家经济发展的重要部门之一，它对国民经济现代化的进程、规模、水平等都起着决定性作用，在各国的国民经济中起主导作用。其作用如图7-1所示。

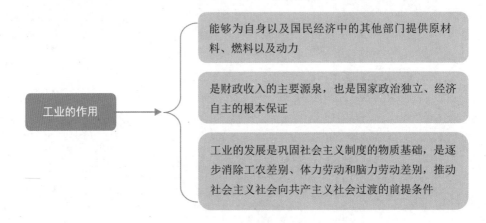

图7-1 工业的作用

工业是对自然资源和原材料进行加工的行业，属于社会物质生产部门。

7.1.2 工业分类

按照产品的性质，可以将工业分为重工业、轻工业两种。《中国统计年鉴》曾对重轻工业做了定义：重工业指的是能够为国民经济各个部门提供物质技术基础的主要生产资料部门。轻工业指的是以提供生活消费品以及制作手工工具为主的工业。下面我们来看一下重工业与轻工业的基本情况。

1. 重工业

重工业的发展情况往往体现一个国家的国力强盛程度，包含钢铁工业、石油工业、机械行业等。

按照生产性质和产品类型，重工业主要分为三类，分别是采掘（伐）工业、原材料工业、加工工业，如图7-2所示。

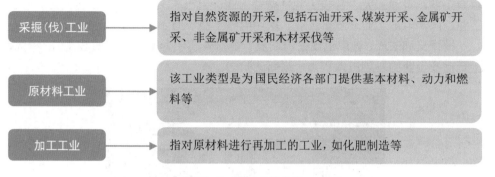

图 7-2　重工业的分类

2．轻工业

　　虽然轻工业是相对于重工业而言的，但是两者也有交叉的部分。轻工业与人们的生活息息相关。2018 年，中国轻工业联合会发布了《关于调整〈轻工行业分类目录〉的公告》。在该公告中，将原来轻工业涉及的 21 个大类行业调整为 18 个大类行业，如图 7-3 所示。

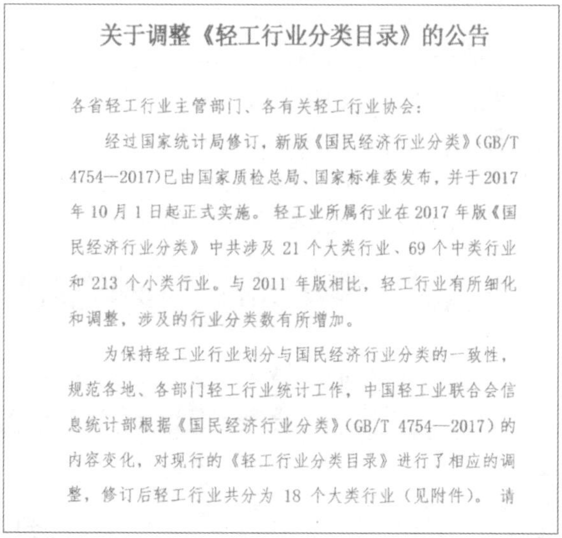

关于调整《轻工行业分类目录》的公告

各省轻工行业主管部门、各有关轻工行业协会：

　　经过国家统计局修订，新版《国民经济行业分类》(GB/T 4754—2017) 已由国家质检总局、国家标准委发布，并于 2017 年 10 月 1 日起正式实施。轻工业所属行业在 2017 年版《国民经济行业分类》中共涉及 21 个大类行业、69 个中类行业和 213 个小类行业。与 2011 年版相比，轻工行业有所细化和调整，涉及的行业分类数有所增加。

　　为保持轻工业行业划分与国民经济行业分类的一致性，规范各地、各部门轻工行业统计工作，中国轻工业联合会信息统计部根据《国民经济行业分类》(GB/T 4754—2017) 的内容变化，对现行的《轻工行业分类目录》进行了相应的调整，修订后轻工行业共分为 18 个大类行业 (见附件)。请

图 7-3　《关于调整〈轻工行业分类目录〉的公告》（部分内容）

　　在工业和信息化部编制的《轻工业发展规划（2016—2020 年）》中，将轻工业划分为四个领域，基本内容如下。

　　1）耐用消费品

　　耐用消费品指的是一些不易被损坏、使用周期长的产品，包括塑料制品工业、

家具工业、电池工业、钟表工业、搪瓷工业、自行车工业、日用玻璃工业、陶瓷工业、照明电器工业、皮革工业、家用电器工业、五金制品工业共十二个行业。

搪瓷又称珐琅，最早出现在古埃及。图7-4所示为搪瓷杯。20世纪90年代，国际搪瓷工业的发展进入了一个崭新的阶段。

图7-4　搪瓷杯

2）快速消费品

快速消费品主要包括一些日常用品、食品等。轻工业的快速消费品领域主要包括七大行业，分别是造纸工业、日化工业、日用杂品工业、食品工业、洗涤用品工业、口腔清洁护理用品工业、盐业。

造纸工业是一个产量大、用水较多且污染严重的轻工业，如图7-5所示。在实现碳中和目标的同时，造纸工业也需要进行转型升级。

图7-5　造纸工业

3）文化艺术体育休闲用品

在文化艺术体育休闲用品领域，轻工业主要包括九个行业，分别是工艺美术工业、玩具工业、乐器工业、眼镜工业、制笔工业、文房四宝工业、少数民族用品工业、礼仪休闲用品工业、文教体育用品工业。

少数民族用品工业，即生产少数民族用品的部门，其产品主要分为八大类，分别是生产工具类、工艺美术类、少数民族服装及饰品、日用杂品、鞋帽类、家具类、文体用品类和针纺织类。图 7-6 所示为椰雕，椰雕属于少数民族用品中的工艺美术类。

图 7-6　椰雕

4）轻工机械装备

轻工机械装备领域主要包括三个行业，分别是轻工机械工业、缝制机械工业、衡器工业。

专家提醒

衡器是用来测定物体质量的一种仪器，主要的理论依据是胡克定律和力的杠杆平衡原理。其主要品种包括天平、案秤、台秤、轨道衡等。目前衡器广泛运用在农业、医疗卫生、科研等方面。图 7-7 所示为案秤。

图 7-7　案秤

按照所使用原料的不同，轻工业还可以分为以下两种，如图 7-8 所示。

```
                    ┌─────────────────────────────────────┐
                    │ 第一种是以农产品为原料的轻工业，即将农产品直 │
                    │ 接或间接地当作原来的工业，像造纸工业便是直接 │
                    │ 以农产品做原料。这类轻工业主要包括印刷、纺 │
轻工业的分类 ──────→ │ 织、食品饮料制作等                     │
                    └─────────────────────────────────────┘
                    ┌─────────────────────────────────────┐
                    │ 第二种便是不将农产品当作原材料的轻工业，以工 │
                    │ 业品为主。这类轻工业主要包括手工工具制造、日 │
                    │ 用玻璃制品、文教体育用品等               │
                    └─────────────────────────────────────┘
```

图 7-8　轻工业的分类

7.1.3　三次工业革命

工业一直都是社会经济的主体，人类历史上的第一次工业革命发生在 18 世纪。英国人瓦特改良了蒸汽机，如图 7-9 所示。蒸汽机的改良开创了以机器代替手工工具的时代，人类由此进入工业时代。而由织工哈格里夫斯发明的"珍妮纺纱机"，揭开了工业革命的序幕，如图 7-10 所示。

随着科学技术的进一步发展，1870 年后爆发了第二次工业革命，此后，新兴发明与技术快速应用于工业生产，极大地促进了经济的发展。

第二次工业革命让世界由"蒸汽时代"进入"电气时代"，工业重心由轻纺工业转为重工业，出现了电气、化学、石油等新兴工业部门，如图 7-11 所示。

第二次工业革命科学技术的突出发展主要表现在四个方面，分别是电力的广泛应用、内燃机和新交通工具的创制、新通信手段的发明以及化学工业的建立。

图 7-9 瓦特改良的蒸汽机

图 7-10 珍妮纺纱机

第二次工业革命涉及四个领域，具体内容如下。

- 新能源的发现和应用，主要包括电力与石油。
- 新机器和新产品的创制，如内燃机、电灯、电机等。图 7-12 所示为爱迪生发明的电灯。

图 7-11 电气时代的到来

图 7-12 电灯

- 新交通运输工具的出现，主要包括汽车和飞机。图 7-13 所示为第二次工业革命期间莱特兄弟发明的飞机。

图 7-13 莱特兄弟发明的飞机

- 新通信手段的发明，主要包括电话和电报。图 7-14 所示为第二次工业革命期间莫尔斯发明的电报。

第三次工业革命始于 20 世纪四五十年代的美国，主要的标志是原子能的应用和电子计算机的发明。第三次工业革命也可以称为第三次科技革命。在此期间，苏联发射了世界上第一颗人造卫星，如图 7-15 所示。

第三次工业革命极大地促进了社会生产力的发展，也促进了社会经济结构和社会生活结构的重大变化，给世界各国的经济既带来了机遇，也面临严峻的挑战。

图 7-14 莫尔斯发明的电报

图 7-15 第一颗人造卫星

进入 21 世纪后，随着科技的进步和物联网的发展，智能化成为科技发展的趋势。工业一直都是推动社会进步的原动力，其技术的创新也必然朝着智能化方向发展。

7.2 工业企业的碳中和路径

在众多领域中，工业的能源消耗、二氧化碳的排放量比重是最大的，因此为工业企业探索相应的碳中和路径、减少碳的排放量是实现碳中和最有效的方式。本节我们便来看一下工业企业碳中和路径的具体情况。

7.2.1 产业结构布局

企业可以通过优化产业结构布局的方式来减少碳排放量。优化产业结构布局可以从以下两个方面入手。

1．工艺产能

在优化产业结构布局方面，企业首先要做的便是淘汰落后的工艺和落后的产能。落后的产能指的是那些能源消耗大、环境污染严重、安全风险较大的产能。

工业企业应该按照国家相应的政策要求和工作部署，及时调整自身的产业结构，优化产业结构布局，加快淘汰落后产能，提高企业工艺技术的水平，提高工业产品的附加值，推出更多的绿色化工业产品。

2．供应链体系

除了要尽快调整落后的产能、提高企业的工艺水平之外，还应该构建一条绿色低碳的供应链体系。目前，我国的工业结构仍然存在一些问题，例如区域工业绿色发展不平衡、工业结构偏重等，因此工业企业需要主动构建完善的绿色供应链体系。

针对上游供应商，应该从原材料、资源能源、工艺、环境保护等多方面提出严格要求，保障上游供应链的低碳绿色。而对于下游客户的供应商，应该在设计产品或制作产品时引入生态设计的理念，从而提高资源能源的利用率、减少高能耗物质的使用以及维持自身绿色的可持续发展。

此外，工业企业还可以推进绿色产品、工厂、供应链的协同建设，从而打造绿色低碳产业链示范企业。

7.2.2 能源消费结构

除了要优化产业结构布局之外，工业企业还应该推动能源消费结构的转型。企业应该怎样来推动能源消费结构转型呢？企业可以从以下四个方面着手。

1．提高能源利用率

我国在能源利用方面，化石能源燃烧后排放的二氧化碳是总排放量的一半以上，而且传统能源产能结构性过剩问题仍然比较突出。工业是能源消耗较高的领域，在保障经济持续健康发展的情况下，减少能源消耗、降低碳的排放量、提高能源的利用率是最重要的问题。

对于一些使用火电、水泥等化石能源，且使用量较大的工业企业，需要采取一系列措施来提高能源的利用率，例如调整能源结构，用绿色清洁能源代替化石能源。

2. 使用清洁能源

除了提高能源的利用率之外，企业还应该尽可能地优化用能结构，通过使用蒸汽、天然气等清洁能源来代替煤炭、石油等能源的使用，积极开发使用绿色能源，如地热能、风能以及水能等。

目前，光伏是国家重点扶持的清洁能源。光伏电站是将太阳能转化为电能的一种新型发电系统。图 7-16 所示为光伏电站原理。

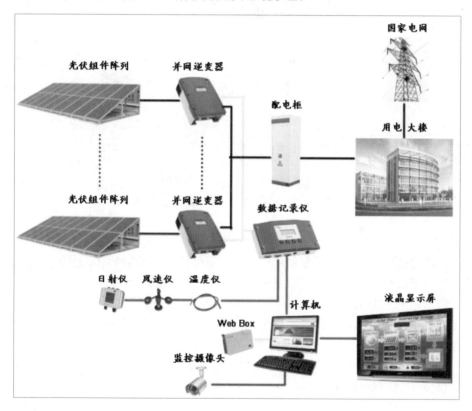

图 7-16　光伏电站原理

3. 引进智慧平台

工业企业还可以通过引进智慧能源管理平台，通过运用物联网、大数据、云计算等技术，实时了解企业中各类资源的使用、消耗和转化的情况，有效地提高资源的利用率。下面以安科瑞能源管理平台为例，看一下工业企业如何引进智慧平台。图 7-17 所示为该平台结构。

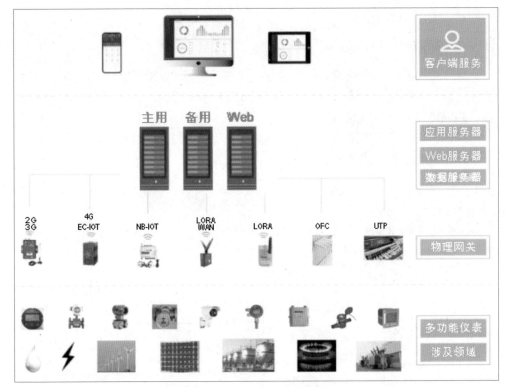

图 7-17 安科瑞能源管理平台结构

该能源管理平台采用了自动化技术、信息化技术以及集中管理模式，对企业的相关环节进行了实时监控和数据化管理，为企业的低碳节能提供了助力。

该平台的主要功能有 12 种。可视化展示功能主要是将企业的能源消耗趋势、区域能源消耗等进行对比，然后将天气情况和污染情况以三维的方式展示出来，如图 7-18 所示。

实时监控功能主要是针对企业各生产线能源的使用以及报警等进行实时监控，如图 7-19 所示。

能耗预测功能主要是通过分析企业中生产工艺、生产设备等能耗使用情况，建立能耗计算模型，再根据人工智能算法对数据、模型进行修正。图 7-20 所示为平台能耗预测展示界面。

运行监测功能重点监测的是设备及工艺的运行状态，如温度、湿度、流量、压力等。图 7-21 所示为运行监测示意图。

除了以上四个功能以外，该平台还有变压器监控、用能统计、产品/产值单耗、绩效分析、分析报告、事件报警、移动端支持等功能。

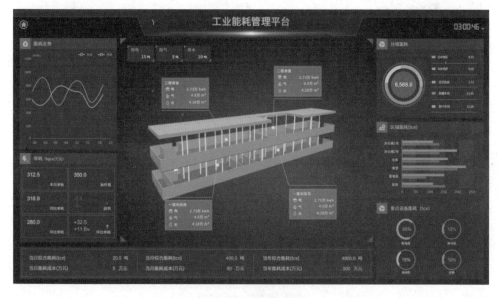

图 7-18 可视化展示

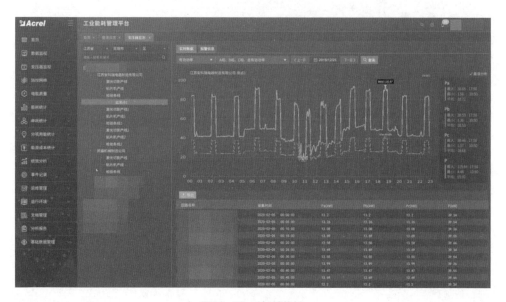

图 7-19 实时监控

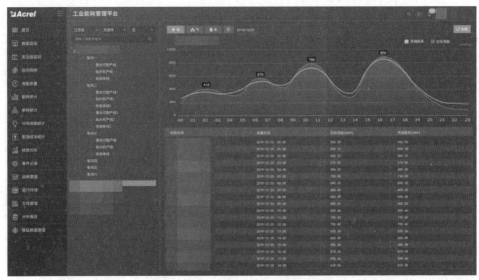

图 7-20　平台能耗预测展示界面

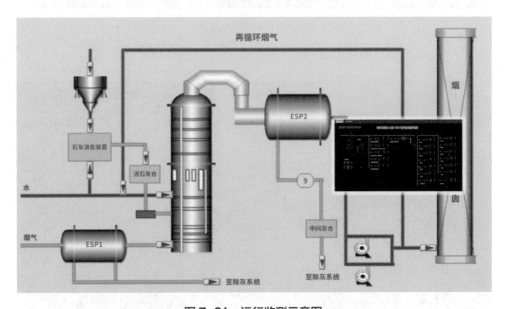

图 7-21　运行监测示意图

4．合同能源管理

合同能源管理（energy performance contracting，EPC）机制是企业降低运行成本、提高资源利用率的节能投资方式。这种方式能够让企业用未来的节能收益来为工厂或设备升级，其基本内涵如图 7-22 所示。

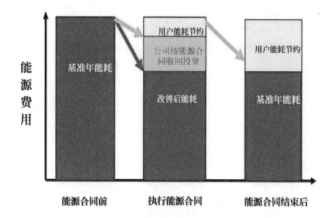

图 7-22　合同能源管理的基本内涵

实行合同能源管理主要有 8 个优势，如图 7-23 所示。

图 7-23　实行合同能源管理的优势

其商务模式主要分为节能效益分享型、能源费用托管型、节能量保证型、融资租赁型、混合型。另外，合同能源管理技术也有一定的标准，即国家发布的《合同能源管理技术通则》，如图 7-24 所示。

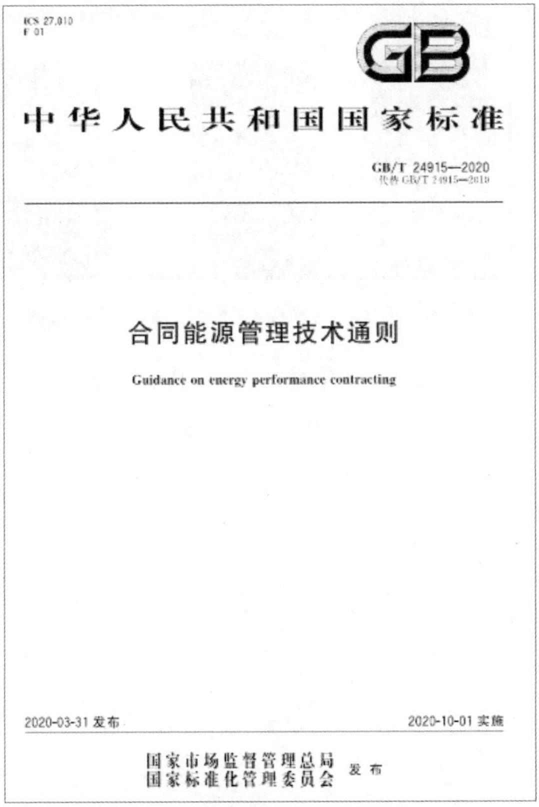
ICS 27.010
F 01

GB

中华人民共和国国家标准

GB/T 24915—2020
代替 GB/T 24915—2010

合同能源管理技术通则

Guidance on energy performance contracting

2020-03-31 发布　　2020-10-01 实施

国家市场监督管理总局
国家标准化管理委员会　发布

图 7-24 《合同能源管理技术通则》

在企业中推行合同能源管理，能够帮助企业提高能效水平。对于一些符合条件的能源管理项目，政府可以给予一定的减免税、资金补贴等政策支持。此外，还可以先创建一批合同能源管理示范项目，并积极地推广应用。

7.2.3 碳排放核算体系

推动碳排放权交易的前提条件是要建立健全碳排放的核算体系。我国的碳核算制度建设起步较晚，核算体系还存在一些问题，如方法体系落后、工作机制不完善等。为了更好地促进碳交易市场的发展以及与企业节能减碳绩效核算协调发展，需要完善好碳排放的核算体系。图 7-25 所示为我国碳核算体系的构成图。可以看出，我国的碳核算体系主要划分为政府主体和市场体。

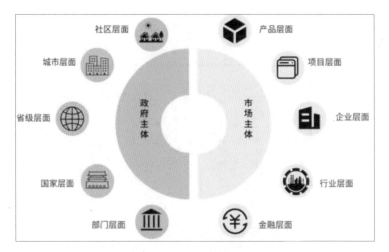

图 7-25　我国碳核算体系的构成图

7.2.4　清洁生产水平

企业还应该提高清洁生产的水平，积极自主地研发或创新清洁生产技术。政府应该对采取清洁能源改造、新能源应用等相关措施的企业给予一定的支持，并加快推广节能减排技术的产业化，建立节能减排技术服务体系，为更多积极投身于清洁生产技术研发创新的企业提供资金补贴、减免税等政策支持。

7.3　典型案例

目前，很多工业企业都在认真落实碳达峰、碳中和的目标要求，不断调整企业的能源消耗结构。下面我们看两个典型案例。

7.3.1　河钢集团

在节能减排、绿色发展方面，河钢集团（河南钢铁集团）一直都在积极采取淘汰落后的产能、采用先进技术、强化环境治理等措施。该集团共实施重点节能减排项目超过 500 个，投资 219 亿元，主要的能源环保指标居国内一流甚至世界领先水平。

河钢集团为了更好地实现碳达峰、碳中和目标要求，于 2022 年 3 月召开了低碳发展技术路线图发布会，在发布会现场发布了降碳技术路径以及技术路线图。图 7-26 所示为河钢集团发布的六大降碳技术路线。

在低碳发展路线图中，河钢集团将企业的低碳发展划分为三个阶段，如图 7-27 所示。

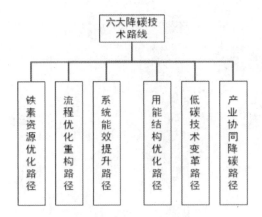

图 7-26   河钢集团六大降碳技术路线

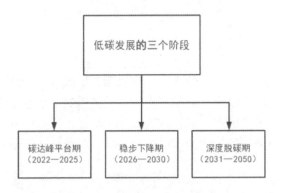

图 7-27   低碳发展的三个阶段

为了促进企业的绿色发展，河钢集团还从高效节能、环境保护、氢能产业三个方面来打造绿色钢铁，具体内容如下。

1. 高效节能

河钢集团通过加热炉、汽轮机冷端优化、烧结余热回收等先进工艺技术使自身的节能管理水平得到进一步提高，目前集团的吨钢综合能耗、自发电比例等指标都处于国内行业先进水平。图 7-28 所示为烧结余热回收。

2. 环境保护

河钢集团在环境保护、节能减排方面实施了 30 多个项目，如热风炉、加热炉、燃气锅炉、烧结机烟气等，在污染治理、节能减排方面卓有成效。图 7-29 所示为焦化储煤筒仓。该筒仓的使用降低了煤炭的浪费。

图 7-28　烧结余热回收

图 7-29　焦化储煤筒仓

3．氢能产业

　　氢能具有高能清洁、安全环保的特点，可用于发电、动力汽车燃料等。河钢集团在"十四五"期间大力发展这种清洁能源，还在 2020 年 8 月建成并运行了我国钢铁行业首座固定式加氢示范站，加氢站如图 7-30 所示。

图 7-30 加氢站

7.3.2 万吨级二氧化碳制芳烃工业试验项目

2021 年，内蒙古久泰集团与中国成达工程有限公司、清华大学共同研发设计万吨级二氧化碳制芳烃工业试验项目。三方研制的二氧化碳制芳烃装置是全球第一套。该装置有着转化效率高的特点，能够很好地帮助各大企业解决二氧化碳排放的问题。

对二氧化碳的利用，既是现在研究的重点，也是未来产业面临的瓶颈，因此研发二氧化碳利用技术迫在眉睫。

万吨级二氧化碳制芳烃工业试验项目集合了清华大学卓越的研发以及内蒙古久泰集团强大的工程队伍，研制了流化二氧化碳一步法制芳烃成套技术。该技术为碳排放的限制以及二氧化碳的清洁利用提供了技术储备。图 7-31 所示为二氧化碳制芳烃技术路线图。

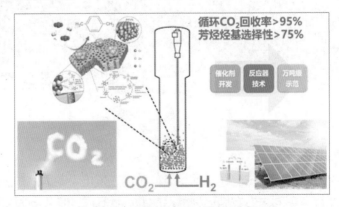

图 7-31 二氧化碳制芳烃技术路线图

　　二氧化碳制芳烃技术将推进二氧化碳的高效利用，减少芳烃对石油原料的依赖，因此该技术的研发，对于保障国家的能源安全具有重要的现实意义和战略意义。积极开发应用该技术，延长产业链，对于我国实现碳中和目标也具有重要意义。图 7-32 所示为二氧化碳制芳烃产业链。由图 7-32 可知，用二氧化碳制出的芳烃用途广泛。

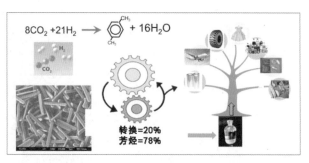

图 7-32　二氧化碳制芳烃产业链

专家提醒

　　芳烃大多含有苯环结构，是一种碳氢化合物，不溶于水。芳烃可以分为两种，一种是单环芳烃，这种芳烃只有一个苯环；另一种是多环芳烃，这种芳烃又可以分为三种，分别是联苯类、多苯代脂烃、稠环芳烃，如图 7-33 所示。

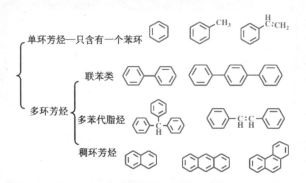

图 7-33　芳烃的分类

　　所有的芳烃都含有毒性，并且苯对人体的中枢神经和血液的破坏作用是最强的。芳烃主要来源于煤和石油，是有机化工重要的基础原料。

第 8 章

在能源行业的应用

学前提示

在我国，与能源相关的活动的碳排放量占总排放量的 77.7%，可以说，能源行业是我国碳排放的主力。在碳中和目标下，能源行业的减排至关重要。本章我们便来看一下碳中和与能源行业的情况。

8.1 能源

实现"双碳"目标，能源行业是一个十分重要的行业。我们先来了解一下能源以及能源行业的相关情况。

8.1.1 能源概况

在众多百科全书中，关于能源的定义不尽相同。在英国的《大英百科全书》中，能源包括所有的燃料、流水、阳光和风，并且人们可以采取一定的转换手段将其转换成能够为自己提供所需的能量。

《日本大百科全书》中则认为，"在各种生产活动中，我们利用热能、机械能、光能、电能等来作功，可利用来作为这些能量源泉的自然界中的各种载体，称为能源"。

我国的《能源百科全书》中对于能源的定义为："能源是可以直接或经转换提供人类所需的光、热、动力等任一形式能量的载能体资源。"图 8-1 所示为我国的《能源百科全书》。

图 8-1 《能源百科全书》

可以说，能源是有着多种形式，并且可以按照人类的要求进行转换的能量的源泉。简单地说，能源指的是在自然界中能够提供某种形式能量的物质，或是物质的运动。

能源有六大特点，分别是广泛性、替代性、储存困难化、连续性、辅助性、有污染。其中，替代性指的是能源在一定条件下能够相互转换。图 8-2 所示为水能转换原理图。

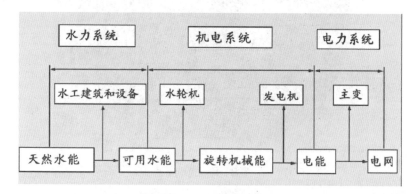

图 8-2　水能转换原理图

能源对于国家社会和经济的发展有着非常重要的作用，如图 8-3 所示。

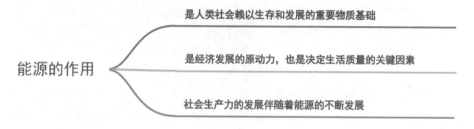

图 8-3　能源的作用

8.1.2　能源分类

根据不同的分类方式，能源可以分为很多种。下面我们便来看一下不同分类方式下能源的种类。

1．实物形态

能源有着固体、液体、气体三种形态，按照实物的形态来划分，可以将能源分为固体能源、液体能源、气体能源。

固体能源有原煤、木柴、油页岩等；液体能源有原油以及加过工的汽油、柴油、燃料油等；气体能源包括常规的天然气，非常规的可燃冰、煤层气等。图 8-4 所示为油页岩。

图 8-4　油页岩

2. 来源

按照来源划分，能源可以分为三类，如图 8-5 所示。

按能源的来源分类	→	地球外天体来的能量，最重要的便是太阳能，而风、流水等所含的能量也来自太阳能，因此也属于这一类
		除了地球外天体带来的能量，地球自身也蕴藏着能量，像地球内部的热能和地壳中所存储的各种燃料等
		还有一类能源指的是地球在受到其他天体的影响下而产生的能量，如潮汐能。潮汐能与太阳系统、地球、月亮的吸引力等有关

图 8-5　按能源的来源分类

3. 能源形成

除了按能源的形态以及来源分类之外，还可以按照能源的形成进行分类。按照能源的形成分类，能源可以分为一次能源和二次能源。一次能源主要指的是存在于自然界中，可以直接取用的能源，如天然气、太阳能等；二次能源指的是在一次能源的基础上进行加工而形成的能源，如火药、蒸汽等。

构建气电双网循环，可以实现一次能源和二次能源的循环发展。图 8-6 所示为双网循环发展结构图。

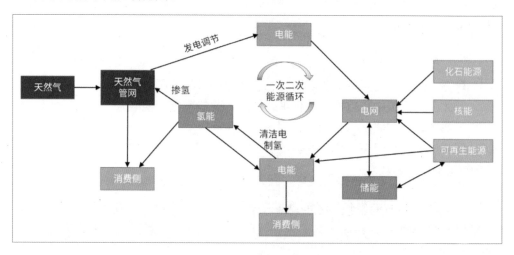

图 8-6　双网循环发展结构图

4．使用程度

按照人们对能源的使用成熟度来划分，能源可以分为传统能源和新能源。下面我们来看一下这两种能源的具体情况，如图 8-7 所示。

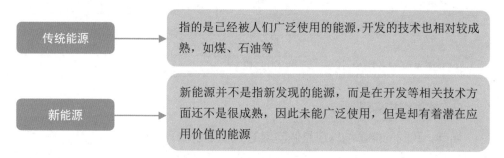

图 8-7　两种能源的具体情况

5．是否可再生

按照是否可再生来划分，能源分为可再生能源和不可再生能源。可再生能源不会随着人类的使用而减少，如太阳能、生物质能等。而不可再生能源会随着人们的使用而不断减少，如煤、石油、天然气等。

6．环境污染

以是否会造成环境污染为依据，能源可以分为清洁型能源和污染型能源。污染型能源有煤炭、石油类等能源，而像太阳能、风能这种不会对环境造成污染的能源便是清洁型能源。

8.1.3　能源行业现状

早在 2009 年，我国的能源消费总量便已经超过美国，成为最大的能源消费国，因此在实现碳中和目标的过程中，能源行业是不容忽视的一个行业。

了解了能源的概况与分类后，我们来了解一下能源行业的现状。我国的能源行业现状主要呈现以下四个特征。

1．化石能源对外依赖程度高

在化石能源方面，我国主要依赖于进口。以石油为例，2021 年 1 月至 11月我国石油产量为 19898 万吨，但是我国石油进口量却达到 93420.3 万吨，如表 8-1 所示。

表 8-1　2016—2021 年中国石油原油进出口数量（数据来源：国家统计局）

时间	石油原油出口 / 万吨	石油原油出口 / 万吨
2016 年	38103.8	294.1
2017 年	41996.6	486.3
2018 年	46201.3	262.7
2019 年	50589	81
2020 年	54240.8	163.8
2021 年 1—11 月	93420.3	417.1

2．能源结构偏煤

目前，我国的能源结构还是偏向煤的。如图 8-8 所示，2019 年至 2021 年，我国的能源消费中，煤炭所占的比重一直都是最大的，不过，近几年也有下降趋势，从 2019 年的 57.7% 下降到 2021 年的 56%。

3．碳排放总量大、能耗高

我国消耗的标煤量大，碳排放量也大。与美国、日本这些国家相比，它们生产的是高附加值、低能耗的产品，而我国目前主要是生产高能耗、低附加值的产品，因此碳排放总量大，能耗也高。

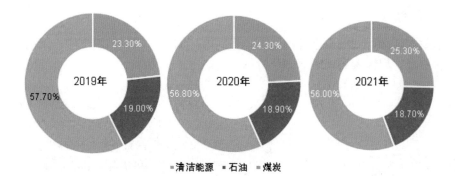

图 8-8　2019—2021 年中国能源消费结构对比（数据来源：国家统计局）

4. 可再生能源开发利用规模稳步扩大

加快利用可再生能源以及清洁能源是实现能源行业减碳的重要方式。2022年第一季度，我国的可再生能源发电装机新增总量占全部能源发电装机总量的80%。全国可再生能源的利用率持续提高，如 2022 年全国风电平均利用率达到96.8%，与上一年同期相比提高了 0.8 个百分点。此外，风电新增装机容量也在不断提高，如图 8-9 所示。

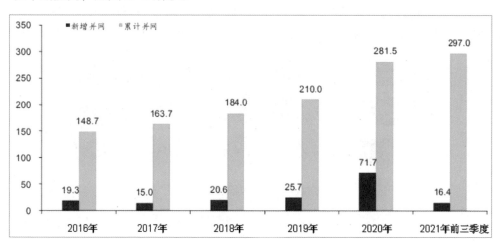

图 8-9　中国风电新增装机容量（数据来源：国家统计局）

8.1.4　机遇与挑战

在能源行业中，"双碳"目标的提出既有机遇，也面临一定的挑战。下面我们来看一下有哪些挑战和机遇。

1. 挑战

从我国能源行业的基本情况来看，在实现"双碳"目标的过程中，主要会面临两大挑战，具体内容如图 8-10 所示。

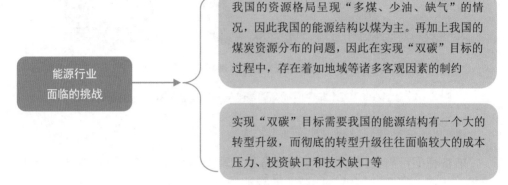

图 8-10　能源行业面临的挑战

2. 机遇

有挑战的同时，也会有机遇。能源行业在实现"双碳"目标的过程中会有哪些机遇呢？我们可以从国际、国内、企业三个方面来看，如图 8-11 所示。

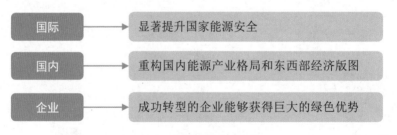

图 8-11　能源行业的机遇

8.2　低碳能源

低碳能源与高碳能源相对，指的是在使用过程中二氧化碳排放量较少的能源，如风能、太阳能等。本节我们来看一下低碳能源的具体情况。

8.2.1　低碳能源的分类

按照能源集中开发的规模大小划分，低碳能源可以分为集约式低碳能源和分散式低碳能源，如图 8-12 所示。

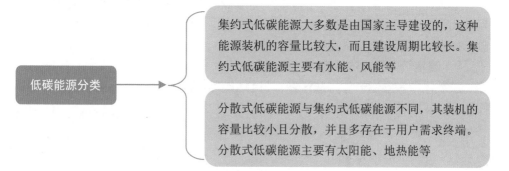

低碳能源分类

集约式低碳能源大多数是由国家主导建设的，这种能源装机的容量比较大，而且建设周期比较长。集约式低碳能源主要有水能、风能等

分散式低碳能源与集约式低碳能源不同，其装机的容量比较小且分散，并且多存在于用户需求终端。分散式低碳能源主要有太阳能、地热能等

图 8-12　低碳能源分类

8.2.2　开发模式

低碳能源的开发是解决能源短缺、减少碳排放的最好方式之一。目前，不同的能源开发技术不一，所面临的技术攻关问题也不一样。针对这些问题，可以采取不同的开发模式，如图 8-13 所示。

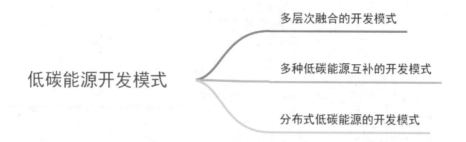

低碳能源开发模式

多层次融合的开发模式

多种低碳能源互补的开发模式

分布式低碳能源的开发模式

图 8-13　低碳能源开发模式

8.2.3　低碳能源发展

目前，全球都在积极投身于缓解气候变化、减少二氧化碳的排放中，而低碳能源的使用能够很好地帮助各国减少碳排放，所以低碳能源的发展是非常有必要的。下面我们来看一下我国发展低碳能源的必要性和实现途径。

1．必要性

我国发展低碳能源的必要性主要从以下三个方面来考虑。

1）国际社会的压力

我国作为《京都议定书》的缔约方，虽然不需要承担具体的减排指标，但是目前我国的二氧化碳排放量占比是世界最大的。因此，我国很有可能在未来成为国际社会一致要求严格承担减排任务的对象。

2）温室气体引起的环境、气候恶化

二氧化碳等温室气体排放过多，将会引起全球气候恶化、环境恶化等问题，如图 8-14 所示。

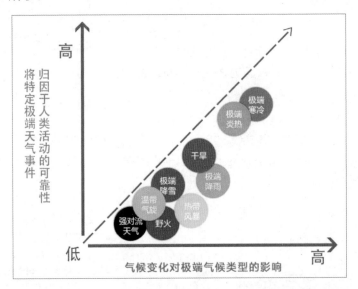

图 8-14　人类活动导致的气候变化是极端天气的诱因

3）涉及国家安全

国家安全这个概念，如今还包括国土安全、水资源安全等领域，而气候变化也关系着国家安全问题。

2005 年 7 月，在苏格兰的一次会议中，第一次将气候变化的问题列为会议的主要议题之一。应对气候变化的重要性越来越凸显。

发展低碳经济能够帮助国家调整能源结构，促进节能减排，对国家能源的可持续发展有着重要意义。

2．实现途径

了解了发展低碳能源的必要性之后，我们来看一下发展低碳能源的实现途径，如图 8-15 所示。

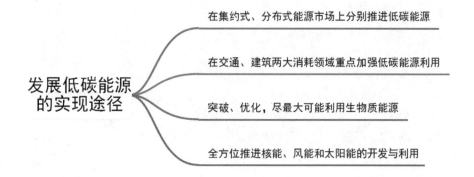

图 8-15　发展低碳能源的实现途径

8.2.4　低碳能源体系

大力发展可再生能源是构建低碳能源体系所必需的，我国的可再生能源丰富，且有着巨大的潜在价值。此外，我国对于可再生能源有着巨大的开采条件和相关技术。下面进行具体讲解。

1．大力发展生物质能

生物质能是位于世界消费能源总量中第四位的能源，仅次于煤、石油和天然气。它与人类生活息息相关，是人类赖以生存的能源，在整个能源体系中占据重要地位。许多可再生能源以及新能源中，唯一能替代众多化石产品生产原料的便是生物质能。我国的林业生物质能潜力较大。

2．加强开发海洋能

一般来说，海洋能指的是蕴藏在海洋中的可再生能源。其分布广，清洁无污染，但能量密度低，且地域性较强，因此在开发过程中存在一定的困难。海洋能与水能一样，主要的开发利用方式便是发电，例如潮汐发电、小型波浪发电。图 8-16 所示为震荡水柱式波浪能发电装置。

3．安全发展核能

核能也是清洁能源之一，其作为新型能源，有着高效、无污染的特点，并且其碳排放量接近零，是优化我国能源结构的很好的选择。

图 8-16　震荡水柱式波浪能发电装置

20 世纪 50 年代，各国便开始开发建设核电站，第一个实验性核电站于 1954 年由苏联建立。目前，我国已经有多个核电站建成并投产运行。图 8-17 所示为秦山核电站。

图 8-17　秦山核电站

4．稳步发展风能

风能，是指风所带来的能量。目前，利用风能的主要方式是风力发电。风力发电不会像煤炭一样，产生过多的二氧化碳，造成空气污染。此外，风力发电还有以下四个优点，如图 8-18 所示。

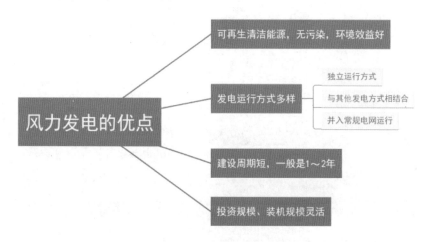

图 8-18　风力发电的优点

风力发电是通过风来促使发电机发电的，因此这种发电方式清洁、无污染。稳步发展我国的风能能够很好地降低其他能源因消耗而产生的二氧化碳。图 8-19 所示为风力发电机的种类。

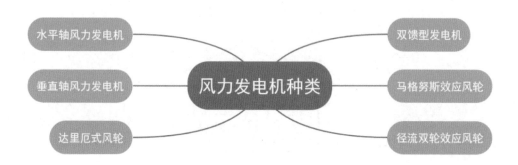

图 8-19　风力发电机的种类

5．突出发展太阳能

目前，太阳能是地球上最清洁、最环保，也是最经济的一种能源，在众多能源中，有着十分独特的优势，因此太阳能是未来能源发展的必然选择。在实行"双碳"目标的过程中，突出发展太阳能，能够很好地帮助我国减少碳排放。

对于太阳能的利用主要有五种，分别是光伏发电系统、太阳能聚热系统、被动式太阳房、太阳能热水系统、太阳能取暖或制冷。图8-20所示为光伏发电系统。

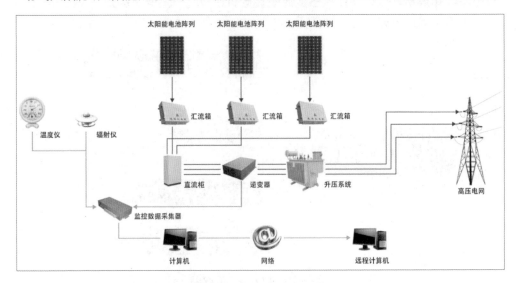

图8-20 光伏发电系统

其中，被动式太阳房主要是通过墙、屋顶等结构的设置来吸收太阳能，从而达到供热或制冷的目的，如图8-21所示。这种太阳房不用专门设置管道、热交换器等设备，结构简单，造价不高。

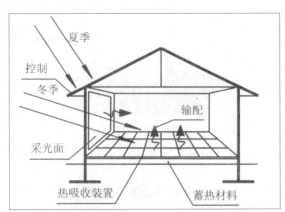

图8-21 被动式太阳房

被动式太阳房主要分为六类，分别是直接受益式、集热蓄热墙式、屋顶集热蓄热式、附加阳光间式、对流环路式、组合式。

6. 积极开发水电

在所有的清洁电源中，水电所占的比例是最大的。我国的水电资源是世界上蕴藏最丰富的，也是世界上水能资源总量最多的国家。虽然水力发电受自然条件的限制比较大，但是其有着成本低、无污染、可再生的优点。因此，积极开发水电能够更好地促进"双碳"目标的实现。

8.3　典型案例

随着"双碳"目标的提出，能源行业作为二氧化碳排放量较大的行业之一，采取一定的措施减少二氧化碳的排放是非常迫切的事情。目前，政府、能源企业以及相关企业为了减少能源行业的碳排放，采取了一系列措施。本节我们来看一些典型案例。

8.3.1　能源管理系统

在企业扩大生产的同时，势必有能源的消耗，而能源管理系统便是帮助企业在扩大生产的时候，及时监测能源消耗的问题，合理规划能源使用，降低二氧化碳的排放。目前，使用能源管理系统，主要有以下七个作用，如图 8-22 所示。下面我们来看两个能源管理系统。

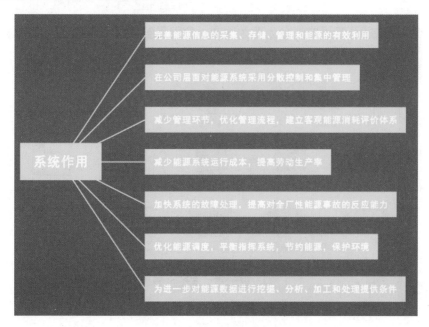

图 8-22　能源管理系统的作用

1. 智慧能源管理系统

该系统采用自动化、信息化技术和集中管理模式。集中管理模式可以帮助企业的能源管理更加规范化、标准化、系统化、透明化、数字化，以便更好地掌握企业能源在生产等各个环节的消耗情况。该系统主要分为四个层面，分别是发布层、应用层、数据层和接口层，如图 8-23 所示。

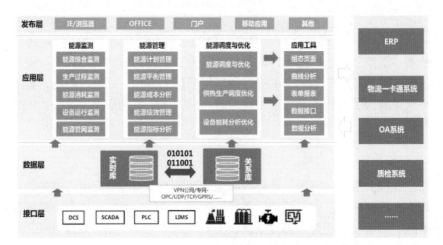

图 8-23　能源管理平台架构

该系统的能源管理方式分为四大层次，分别是服务层、应用层、控制层、感知层，如图 8-24 所示。

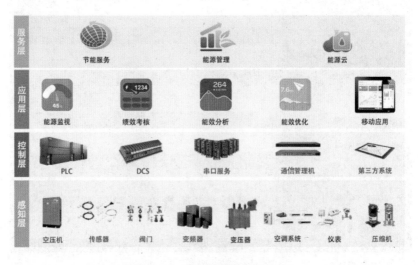

图 8-24　能源管理方式的层次

该管理系统有四大特色，分别是依托建模技术，实现产品高质量快速实施；建立能源分析的大数据中心，提供科学辅助决策能力；建立多级能源管控模式；可视化的动态能源过程监控分析平台。

1）依托建模技术，实现产品高质量快速实施

该系统依托建模技术，在系统中设置了含有电耗、煤耗等能耗计算、分析模型。该系统可以根据采集来的数据计算生产过程中的能耗情况，然后结合专家知识库，能够得到能耗损失的分布情况，并分析造成各环节能源消耗的原因，从而帮助管理人员提供、修改、优化方案，如图 8-25 所示。

图 8-25　系统建模情况

2）建立能源分析的大数据中心，提供科学辅助决策能力

该系统有一个大数据平台，其中包括关系数据、GIS（geographic information system 或 geo-information system，地理信息系统）数据、非结构数据。该系统将企业内部的信息实时地存储到一个数据库中，并建立了一个稳定、实时性高、高性能的能源数据中心，如图 8-26 所示。

3）建立多级能源管控模式

多级能源管控模式可以帮助企业更加清楚地了解企业的能源消耗情况，也能够更好地帮助各级管理部门进行管理。

4）可视化的动态能源过程监控分析平台

通过可视化平台对企业中的各种能源使用过程进行集中监测，能够提高能源在各个环节使用的安全性和可用性，如图 8-27 所示。

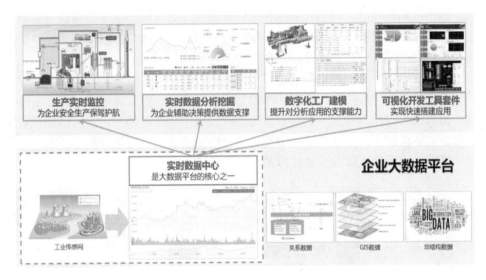

图 8-26　系统数据中心

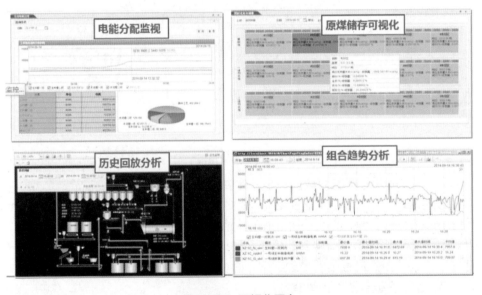

图 8-27　可视化平台

　　该系统能够很好地帮助企业监测能源消耗情况，其功能还包括体系标准化管理、集中精确化管理、专业科学化管理、持续智能化管理，如图 8-28 所示。

2．智能燃料管理系统

　　该系统主要是管理企业中的燃料情况，为相关企业提供燃煤采购、配煤掺烧等“一站式”解决方案，其目标是为了节能降耗、降本增效。

系统功能
体系标准化管理
能源标准管理体系
能效考核结果评比分析
能效考核规则定制化
集中精确化管理
能耗过程精细化监管
能源数据趋势实时变化与历史追踪
重点监测耗能设备
全程监视能源数据动态流程
专业科学化管理
可视化能源管理
能源预测
能源成本分析
持续智能化管理

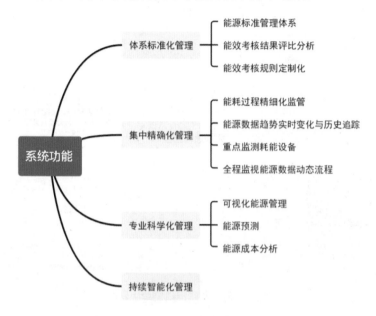

图 8-28　系统功能

该系统主要包括四个方面，分别是燃料采购供应管理、燃料入厂消耗管理、燃料设备管控中心、燃料数据采集，如图 8-29 所示。下面我们来看一下该系统的特色以及功能。

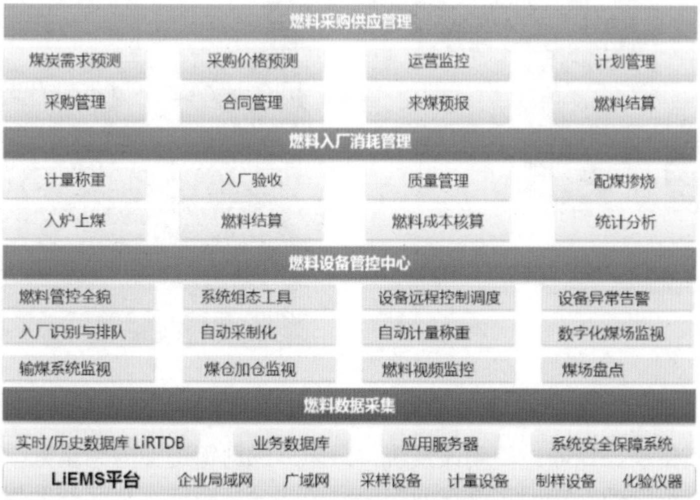

燃料采购供应管理
煤炭需求预测
采购价格预测
运营监控
计划管理
采购管理
合同管理
来煤预报
燃料结算
燃料入厂消耗管理
计量称重
入厂验收
质量管理
配煤掺烧
入炉上煤
燃料结算
燃料成本核算
统计分析
燃料设备管控中心
燃料管控全貌
系统组态工具
设备远程控制调度
设备异常告警
入厂识别与排队
自动采制化
自动计量称重
数字化煤场监视
输煤系统监视
煤仓加仓监视
燃料视频监控
煤场盘点
燃料数据采集
实时/历史数据库 LiRTDB
业务数据库
应用服务器
系统安全保障系统
LiEMS平台
企业局域网
广域网
采样设备
计量设备
制样设备
化验仪器

图 8-29　智能燃料管理系统

其特色主要包括智能管控燃料的各个环节，实时监控燃料设备以及业务运行情况，保障燃料的自动化、透明化、精细化管理，如图 8-30 所示。

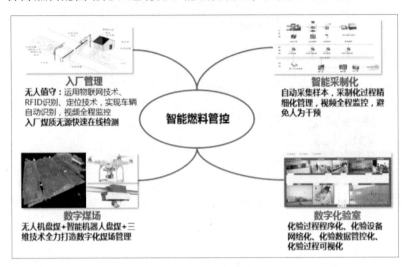

图 8-30　智能燃料管控的特色

通过相关设备能够实时模拟现实煤厂的情况，使管理人员能够清晰地了解到煤厂的情况，如图 8-31 所示。

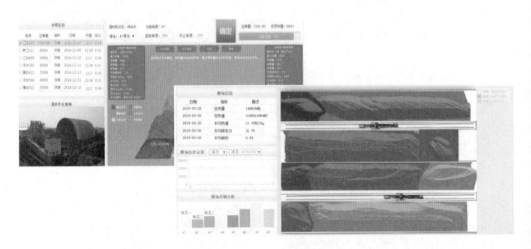

图 8-31　数字化煤厂管理系统

江苏某集团公司通过使用该系统，以电厂燃料管理业务为基础，对燃料的全生命周期进行管理，实现了燃料业务全方位的分析跟踪，从而帮助集团降低相关成本、提高燃煤的效率、减少二氧化碳的排放，如图 8-32 所示。

图 8-32　系统结构

8.3.2　F 型重型燃机项目

为助力"双碳"目标的实现，山东省政府开展了墨 HG37 海域海上光伏项目、华电青岛 9F 级重型燃机、大唐青岛 9F 级重型燃机项目。华电青岛、大唐青岛两个项目的建成预计可以减少各类污染物排放近 1 万吨，减少约 300 万吨标煤耗量。

华电青岛 F 型重型燃机项目是山东首个开工建设的相关项目，项目完成后，预计每年可以减少 150 万吨标煤消耗量。该项目也是中国华电在落实"双碳"目标中的重要举措。图 8-33 所示为重型燃机轮机。

图 8-33　重型燃机轮机

第 9 章

在建筑行业的应用

学前
提示

建筑行业也会产生二氧化碳，尤其是在建筑运行阶段。减少建筑行业中二氧化碳的排放能够助力建筑行业产业的转型升级，也能够更好地提升居民的生活水平。本章我们便来看一下在"双碳"目标下，建筑行业概况和相关案例。

9.1 建筑行业概况

随着经济的发展，城市化进程加快，建筑行业也在不断地发展。本节我们先来看一下建筑行业概况。

9.1.1 建筑概况

建筑包括两大类：一类是房屋，指的是用于人类工作、学习、娱乐等的工程建筑；另一类是构筑物，指的是除房屋之外的工程建筑，例如围墙、桥梁等。

我国古代的建筑以木结构为主，例如宫殿、陵园、寺院、宫观、园林、桥梁等，如图9-1所示。西方的建筑以砖石结构为主，如图9-2所示。

图9-1　中国古代的建筑

图9-2　西方建筑

目前，我国的建筑以钢筋混凝土为主，按照不同的分类方式可以分为不同的类型。如按使用功能分类，建筑主要可以分为三类，如图 9-3 所示。其中，公共建筑包括教育建筑、办公建筑、科研建筑、商业建筑、金融建筑、文娱建筑等。

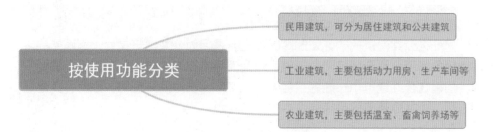

民用建筑，可分为居住建筑和公共建筑

按使用功能分类

工业建筑，主要包括动力用房、生产车间等

农业建筑，主要包括温室、畜禽饲养场等

图 9-3 我国的建筑类型

建筑中的能源主要包括电耗以及采暖能耗两种。目前，城镇居住建筑的能耗呈现下降趋势。从电耗方面来看，城镇居民建筑的电耗大体呈现持平的状态，但是这种持平是在经济发展、大量电器广泛使用的前提下。在这一前提下，电耗还能达到持平，说明家用电器的能效得到了提升，且建筑本体的能耗在下降。

随着相关技术的进步以及建材产业的发展，一些门窗、墙体等物品的性能得到进一步提升。将这些高性能的建筑材料运用起来，可使建筑本体的性能得到改善，有助于节能减排。图 9-4 所示为节能门窗。

图 9-4 节能门窗

从采暖能耗方面来看，21 世纪初期，我国的城镇居住建筑的采暖能耗已经达到了最高，即每平方米大概消耗 35 千克的标准煤。目前，我国的城镇居住建筑的采暖能耗下降到了 15 千克标准煤，并且在采暖能耗下降的情况下，人们居住的舒适度还得到了提升。

与城镇居住建筑能耗不断下降的情况不同，农村居住建筑的能耗却在增加，公共建筑的能耗问题相对来说更加严重。在建筑总面积中，公共建筑约占 19%，但是其能耗却占总建筑能耗的 38%。

为什么公共建筑的能耗如此高呢？主要是因为公共建筑是为大家服务的，为保障服务水平，需要持续消耗能源。像我们平常在家的时候，有时候不需要开空调，但是在公共建筑中一般为了保障舒适度都会长时间开空调。因此，在建筑节能方面，公共建筑能耗是需要重点关注的问题。

9.1.2 建筑能耗

在建筑的全寿命周期中，其能耗主要有以下三个阶段，如图 9-5 所示。

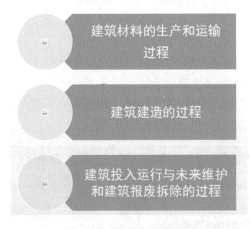

建筑材料的生产和运输过程

建筑建造的过程

建筑投入运行与未来维护和建筑报废拆除的过程

图 9-5 能耗的三个阶段

在社会终端的总能耗中，这三个阶段占据了 51.2%。为降低建筑能耗，我国主要采取了以下三个方面的措施。

- 推动绿色建材的发展，在源头上进行节能减排。
- 在建筑建造的过程中，通过采用绿色建造的方式来减少施工时的能耗。
- 在建筑运行阶段，其能耗占社会终端总能耗的 22%。这一阶段，可以通过减少照明、限用电梯等方式来降低运行的能耗。

9.1.3 核算方法

目前，在建筑行业碳排放的计算方面，主要存在以下五个问题，如图 9-6 所示。

图 9-6　建筑碳排放计算方面的五个问题

对于建筑材料工业二氧化碳排放的计算，根据相关原则和有关规定，我国将按照工厂法的方式计算。使用该核算方式的范围包括建材企业在生产建材产品和非建材产品时产生的二氧化碳的排放。

对建筑材料工业二氧化碳排放的核算也属于温室气体排放核算体系，应该遵循以下三个原则，如图 9-7 所示。

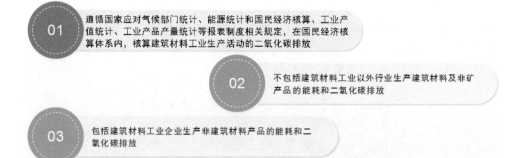

图 9-7　建筑材料工业二氧化碳排放核算的原则

对于建筑材料以及各行业中二氧化碳的排放，可以分为两部分：一部分是燃料燃烧过程中二氧化碳的排放，其核算公式如图 9-8 所示；另一部分指的是工业生产过程中二氧化碳的排放，其核算公式如图 9-9 所示。

此外，还有部分建筑材料产品在生产过程中核算二氧化碳时不采用以上公式，例如水泥熟料、石灰。图 9-10 所示为水泥熟料工业生产过程中二氧化碳排放核算公式。图 9-11 所示为石灰工业生产过程中二氧化碳排放核算公式。

$$Q_{\text{全}} = \sum (Q_{\text{燃}} + Q_{\text{过}})$$

Q_全——二氧化碳排放量

Q_燃——燃料燃烧过程二氧化碳排放量

Q_过——生产过程二氧化碳排放量

燃料燃烧过程二氧化碳排放（Q_燃）估算

$$Q_{\text{燃}} = \sum (F_i \times C_i)$$

Q_燃——燃料燃烧过程二氧化碳排放量

F_i——各燃料品种消耗量

C_i——各燃料品种燃烧二氧化碳排放系数

图 9-8　燃料燃烧过程中二氧化碳排放核算公式

$$Q_{\text{过}} = \sum (M_i \times C_i)$$

Q_过——工业生产过程中二氧化碳排放量

M_i——碳酸盐原料使用量

C_i——碳酸盐原料二氧化碳排放系数

图 9-9　工业生产过程中二氧化碳排放核算公式

$$Q_{\text{过}c} = \sum (AD_c \times EF_c)$$

Q_过c——工业生产过程中二氧化碳排放量

AD_c——产量

EF_c——工业生产过程二氧化碳排放系数

图 9-10　水泥熟料工业生产过程中二氧化碳排放核算公式

$$Q_{\text{过}L} = \sum (AD_L \times EF_L)$$

Q_过L——工业生产过程中二氧化碳排放量

AD_L——产量

EF_L——工业生产过程二氧化碳排放系数

图 9-11　石灰工业生产过程中二氧化碳排放核算公式

9.1.4　相关文件

为了更好地应对气候变化，落实"双碳"政策部署，住建部发布了《建筑节能与可再生能源利用通用规范》和《"十四五"建筑节能与绿色建筑发展规划》。图 9-12 所示为《建筑节能与可再生能源利用通用规范》。下面我们来看一下这两个文件。

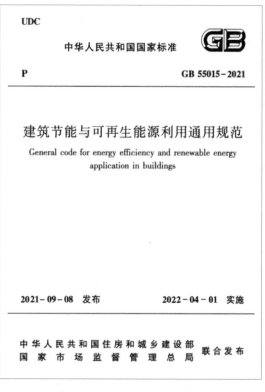

UDC

中华人民共和国国家标准　**GB**

P　　　　　　　　　　　　GB 55015-2021

建筑节能与可再生能源利用通用规范

General code for energy efficiency and renewable energy
application in buildings

2021 - 09 - 08　发布　　　　2022 - 04 - 01　实施

中华人民共和国住房和城乡建设部
国 家 市 场 监 督 管 理 总 局　联合发布

图 9-12　《建筑节能与可再生能源利用通用规范》

1.　《建筑节能与可再生能源利用通用规范》

《建筑节能与可再生能源利用通用规范》的推出，是为了更好地帮助我国建筑领域节能、保护生态环境、落实"双碳"工作的决策部署、提高可再生能源的利用效率等。降低建筑行业的能源损耗以及碳排放，提高资源的利用率，营造良好的建筑室内环境，有利于我国经济的可持续健康发展。该规范要点如图 9-13 所示。

该规范对我国的新建建筑设计作了要求，分别包括建筑和维护结构，供暖、通风与空调，电气、给水、排水及燃气等方面，如在电气方面设置了相关建筑照明功率密度限值。表9-1所示为全装修居住建筑和医疗建筑照明功率密度限值。

规范要点

- 强制**性**，必须严格执行
- 建筑节能与可再生能源通用规范覆盖面广
- 建筑碳排放计算作为强制要求
- 可再生能源利用要求细化
- 新建建筑节能设计水平**得到**进一步提升
- 新增温和地区工业建筑节能设计指标要求
- 暖通空调系统效率和照明要求全面提升

图9-13 规范要点

表9-1 全装修居住建筑和医疗建筑照明功率密度限值

房间或场所	照度标准值 (lx)	照明功率密度限值 /(W/m²)
起居室	100	≤ 5.0
卧室	75	
餐厅	150	
厨房	100	
卫生间	100	
治疗室、诊室	300	≤ 8.0
化验室	500	≤ 13.5
候诊室、挂号厅	200	≤ 5.5
病房	200	≤ 5.5
护士站	300	≤ 8.0
药房	500	≤ 13.5
走廊	100	≤ 4.0

此外，《建筑节能与可再生能源利用通用规范》还对不同地区的节能率作了要求，具体内容如下。

- 严寒和寒冷地区居住建筑平均节能率应为 75%。
- 其他气候区居住建筑平均节能率应为 65%。
- 公共建筑平均节能率应为 72%。

2. 《"十四五"建筑节能与绿色建筑发展规划》

在《"十四五"建筑节能与绿色建筑发展规划》中，住建部提出了"十四五"时期建筑节能和绿色建筑发展的总体指标。到 2025 年，我国建筑运行一次二次能源消费总量达到 11.5 亿吨标准煤，城镇新建居住建筑能效水平提升 30%，城镇新建公共建筑能效水平提升 20%，如表 9-2 所示。

表 9-2 "十四五"时期建筑节能和绿色建筑发展总体指标

主要指标	2025 年
建筑运行一次二次能源消费总量（亿吨标准煤）	11.5
城镇新建居住建筑能效水平提升	30%
城镇新建公共建筑能效水平提升	20%

"十四五"时期，建筑节能和绿色建筑发展具体的主要指标如表 9-3 所示。从表 9-3 中可以看出，发展规划中对我国既有建筑节能改造面积、建设超低能耗 / 近零能耗建筑面积、城镇新建建筑中装配式建筑比例、新增建筑太阳能光伏装机容量、新增地热能建筑应用面积、城镇建筑可再生能源替代率、建筑能耗中电力消费比例作了具体的指标设置。

表 9-3 "十四五"时期建筑节能和绿色建筑发展具体的主要指标

主要指标	2025 年
既有建筑节能改造面积（亿平方米）	3.5
建设超低能耗、近零能耗建筑面积（亿平方米）	0.5
城镇新建建筑中装配式建筑比例	30%
新增建筑太阳能光伏装机容量（亿千瓦）	0.5
新增地热能建筑应用面积（亿平方米）	1.0
城镇建筑可再生能源替代率	8%
建筑能耗中电力消费比例	55%

此外，《"十四五"建筑节能与绿色建筑发展规划》中还指出，在"十四五"时期，我国建筑节能和绿色建筑发展的重点任务主要包括九个方面，如图 9-14 所示。

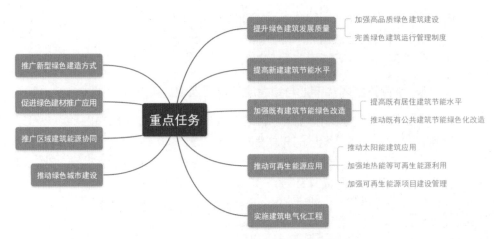

图 9-14　建筑节能和绿色建筑发展的重点任务

9.2　低碳建筑案例

低碳建筑指的是在该建筑的整个生命周期内，通过提高能效、较少使用高碳能源，来降低二氧化碳的排放量。图 9-15 所示为低碳建筑。目前，低碳建筑已成为国际建筑界的主流趋势。

图 9-15　低碳建筑

9.2.1　荷兰阿姆斯福特太阳能村

太阳能村是在住宅建设方面的示范项目，通过利用太阳能，以建筑节能为中心，再加上配套的建筑节能技术，使之成为装机容量名列前茅的太阳能发电居住区，如图 9-16 所示。

图 9-16　太阳能村

9.2.2　蜂兰生态房

蜂兰生态房占地 2.2 万平方千米，沿湖而建，是一座生态环保型住房，如图 9-17 所示。建造房屋所用的材料来自废弃的沙砾，利用地热加热和冷却，并循环利用雨水，利用太阳能和风能发电解决整座房屋的日常需求。

图 9-17　蜂兰生态房

9.2.3　德国巴斯夫"3 升房"

"3 升房"是在一栋老建筑上改造而来的，这栋建筑已经有 70 年的历史。在改造前，这栋建筑的采暖耗油量达到 20 升，改造后采暖耗油量只有 3 升，因此被称为"3 升房"，如图 9-18 所示。

改造后的"3 升房"二氧化碳的排放量是改造前的七分之一。在改造"3 升房"

时，首先将墙体进行保温处理，门窗使用的是充满惰性气体的三玻塑框窗，在窗外还放置了推拉窗板，能够起到保温隔热以及遮阳的作用。

图 9-18　德国 "3 升房"

建筑内设计了能够回收热量的通风系统。该系统在冬季的时候，能够回收利用 80% 的热量。此外，这栋建筑中还有一种能够储能的隔热砂浆，这是巴斯夫的一种专有技术。这种砂浆中有一种成分是石蜡，石蜡在遇热的情况下能够吸收热量熔融，在遇冷的情况下能够释放热量，使得室内的平均温度保持在 22 摄氏度。

在 "3 升房" 的屋顶上，设计者还铺上了 Neopor 泡沫材料构成的隔热面板。这种面板有着极强的反射热辐射的能力，夏天可以阻挡外面的热气，冬天可以防止屋内的热气逸出。图 9-19 所示为 Neopor 泡沫。

图 9-19　Neopor 泡沫

9.2.4 蒲公英之家

对建筑进行立体绿化也是一种很好的节能减排的方法。这种方法主要是将植物攀缘在建筑物的外墙或是屋顶上，以及在空中庭院种植植物。图9-20所示为蒲公英之家，由日本一位建筑师设计，是典型的建筑物立体绿化的实例。

图 9-20 日本蒲公英之家

通过在建筑物外进行立体绿化，夏天可以使建筑物的外表面温度比邻近街道的环境温度低5摄氏度，而在冬天则可以使热损失减少30%。

9.2.5 绿色灯塔

绿色灯塔位于哥本哈根大学的校园里，是丹麦首个以碳中和理念设计的公共建筑，如图9-21所示。

该建筑集休闲和会议服务等功能为一体，主要分为三层：第一层为学生活动室和接待室；第二层为办公区和管理区；第三层为教师活动室和屋顶露台，如图9-22所示。其设计有三大独特之处，分别是自然采光系统，主动式、被动式设计相结合以及合理的能源设计。

1. 自然采光系统

该建筑在设计时采用了自然采光系统，当人进入其中时，能感受到其强大的采光效果。另外，该建筑以自然采光为主，安装了一定数量的天窗，这些天窗能够自动调节。当光线充足时，室内的LED（light emitting diode，发光二极管）

灯便会自动关闭，起到节能的效果。

图 9-21　绿色灯塔

图 9-22　绿色灯塔结构

　　天窗是一个智能系统，中部是中空结构，阳光能够通过天窗从三楼直接照射到一楼，如图 9-23 所示。窗帘还可以根据太阳的移动而变化，具有一定的遮阳效果。

　　除了照明问题外，设计师还考虑到了通风的问题。在绿色灯塔中，窗户能够通过自动开关的方式来实现自然通风。这样既保障了室内环境的舒适度，也减少了对电力通风系统的依赖。

图 9-23 天窗

2. 主动式、被动式设计相结合

在构筑绿色灯塔时，主动式设计主要是减少建筑对能源的消耗。设计师在建筑顶部安装了太阳能电池板，利用太阳能为照明、取暖、水泵等设施提供电力支持，有效地利用了自然资源，而日常的用电需求则是通过安装光伏发电设备来满足。

被动式结构设计主要是为了降低结构对能源的需求。设计师利用建筑物的朝向来达到遮阳的目的。

3. 合理的能源设计

该建筑以降低能源需求、使用可再生能源等为设计原则，高效地利用了自然资源。经统计，绿色灯塔对能源的消耗可以降低到正常水平的 75% 左右。

绿色灯塔是该国首个零排放的生态建筑，其中有 30% 的能量来自太阳能和光伏电池，有 65% 的能量来自热泵驱动的区域热能。

第 10 章
在交通领域的应用

学前
提示

　　随着经济的不断发展和城市化进程的加快，交通运输业的能源消耗以及碳排放量在不断增加。目前，交通运输业已经成为主要碳排放源之一，仅次于能源行业以及工业。本章我们便来了解一下在"双碳"背景下，交通行业相关碳排放情况。

10.1 交通运输业

交通运输业是碳排放量较大的一个行业，也是各国减排工作中关注的重点。交通运输业减碳目标的实现对我国"双碳"目标的实现有着重要影响。本节我们来看一下交通运输业碳排放的相关情况。

10.1.1 交通运输业概况

交通运输业，是通过一定的运输工具将人或物运输到一定的地点，使得人或物的空间位置得到转移。目前，最常见的运输方式有五种，分别是公路运输、水路运输、管道运输、航空运输和铁路运输，如图 10-1 所示。

图 10-1　运输方式

目前，我国的交通运输业还存在一定的问题，如现有的交通基础设施总体规模满足不了经济发展的需要，交通运输业的能耗高、污染严重，不符合可持续发展的要求等。

10.1.2 五大运输方式

公路运输、水路运输、管道运输、航空运输和铁路运输这五种运输方式是最常见的交通运输方式。下面分别介绍这五种运输方式以及碳排放情况。

1. 公路运输

公路运输受自然环境的影响较小，阴天、雨天都可以运输，机动灵活，适应性强，但是其运量小、能耗多、成本高，如图 10-2 所示。

图 10-2 公路运输

与其他运输方式相比，公路运输的碳排放量是最大的，占总排放量的86.76%，如图 10-3 所示。

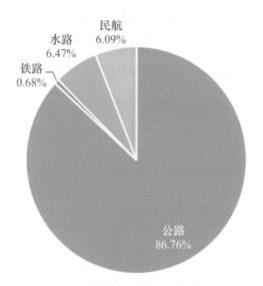

图 10-3 我国交通运输领域二氧化碳排放量占比

（数据来源：摘自《交通运输领域碳达峰、碳中和路径研究》）

在公路运输方面，私家车所占的比例很大，私家车碳排放量的比例也很大。图 10-4 所示为不同交通工具的人均百公里碳排放量。可以看出，私家车的碳排放量远远高于其他交通工具。

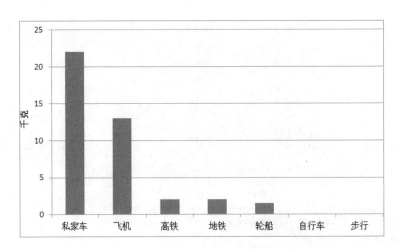

图 10-4　不同交通工具的人均百公里碳排放量

（数据来源：能源基金会数据）

　　针对汽车碳排放过多的情况，一些地区对汽车碳排放出台了相应的管理方案，如表 10-1 所示。

表 10-1　世界主要地区汽车排放管理方案

提高燃油经济性方案	具体执行方案	实行地区
燃油经济性标准	每加仑行驶英里数，每升行驶公里数或百公里油耗	中国、美国、日本、加拿大、澳大利亚、中国台湾等
温室气体排放标准	克每公里或克每英里	中国、欧盟、美国加州
燃油税	在收取油费的基础上增加燃油附加税	中国、欧盟、日本、
政府财政补贴	基于发动机尺寸、效率及二氧化碳排放实施税务减免，补贴政策	中国、欧盟、日本
技术改进	为特殊技术及替代燃料技术提供补贴	中国、欧盟、美国、日本
经济处罚	高油耗税、碳排放税或政策减排	中国、美国、欧盟、法国

2．水路运输

　　水路运输是较为环保的运输方式之一，其优点在于运量大、投资少、成本低，缺点则是速度慢，灵活性和连续性都比较差，且易受自然条件的影响。图 10-5 所示为运输公司将物品放置在集装箱中，然后由轮船将物品运输到目的地。

　　水路货物运输根据不同的分类方式可以分为多种类型，如图 10-6 所示。水路运输主要消耗的能源有煤炭、电力、汽油、柴油和重油，目前电力的使用比例有所上升，汽油和煤炭消耗的比例有所下降。

图 10-5　水路运输

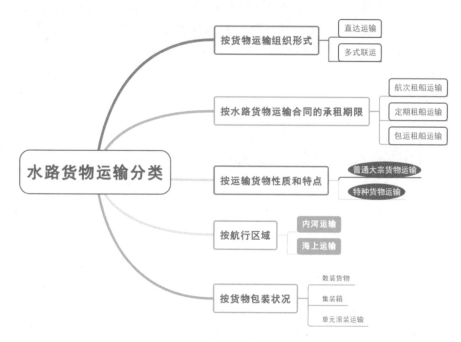

图 10-6　水路货物运输分类

水路运输中碳排放的问题主要包括两个方面，一个是航运方面，另一个是港口方面。相对于航运，港口的排放量比较小，具体内容如下。

1）航运方面

航运方面主要消耗的是燃料油和柴油等能源。目前，航运在减少碳排放方面主要存在三个问题，如图 10-7 所示。

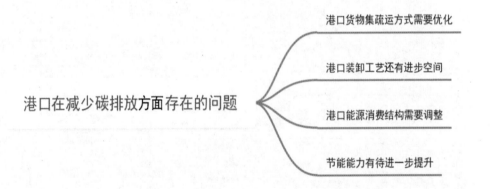

图 10-7　航运在减少碳排放方面存在的问题

2）港口方面

水路运输的港口有两类，一类是沿海港口，另一类是内河港口。港口方面主要消耗的能源有电力、柴油和煤炭等。

我国在建设绿色港口方面采取了许多措施，目前已经建立了良好的基础设施和环境工程，但是在减少碳排放方面，还存在一些问题，如图 10-8 所示。

图 10-8　港口在减少碳排放方面存在的问题

3．管道运输

管道运输是通过管道的方式来运输货物，如图 10-9 所示，其运输的物品主要有石油、煤等。其优点在于运量大、耗损小、安全、连续性强，但是其设备投资大、灵活性差。

管道运输本身不会产生二氧化碳，但是从动力的角度来看，其物品在输送的过程中需要加压，而输送加压需要消耗电力。如果采用热电的话，那便会排放一定的二氧化碳。

图 10-9 管道运输

4. 航空运输

航空运输是通过飞机来运输货物，是目前最快的运输方式。其优点是速度快、效率高；其缺点是运量小、费用高、能耗大且技术要求高。航空运输还有货运系统，航空货运系统主要包括六个方面，如图 10-10 所示。

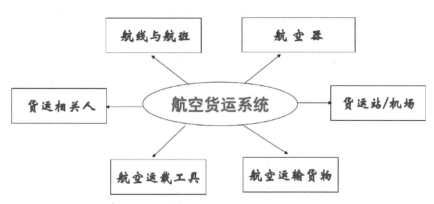

图 10-10 航空货运系统

2019 年，全球航空运输业产生的二氧化碳排放总量为 9.18 亿吨，占全球总排放的 2% 左右，占全球交通运输行业碳排放量的 10%。

2019 年，排名前三的航空客运二氧化碳排放市场为美国、中国、英国，其中美国、中国的二氧化碳排放量远远高于其他国家，分别占全球总排放量的 22%、13%，与英国合计占全球总排放量的 40% 以上，如表 10-2 所示。

表 10-2　2019 年客运航班二氧化碳排放量排名前 10 的始发国（数据来源：国际航空运输）

排名	始发国	CO₂ 排放量 / 百万吨	全球占比 /%	收入客公里 /10 亿	全球占比 /%	CO₂ 排放强度
1	美国	179	23	1890	22	95
2	中国	103	13	1167	13	88
3	英国	31.8	4.1	365	4.2	87
4	日本	25.9	3.3	274	3.1	95
5	德国	23.1	2.9	253	2.9	91
6	阿联酋	21.5	2.7	243	2.8	89
7	印度	21.2	2.7	248	2.9	85
8	法国	20.6	2.6	237	2.7	87
9	西班牙	19.8	2.5	249	2.9	79
10	澳大利亚	19.5	2.5	217	2.5	90
其他国家 / 地区		319	41	3567	41	89
合计		752	100	8710	100	86

　　碳排放量次高的日本、德国、阿联酋等国家的二氧化碳排放量相对平均，差距不是很大。

　　航空运输有多条运输通道，不同的通道二氧化碳排放量不同。表 10-3 所示为航空运输通道二氧化碳排放量排名。从表 10-3 中可以看出，亚太内部的航空运输二氧化碳的排放量是最高的，增幅也是最大的。

表 10-3　航空运输通道二氧化碳排放量排名（数据来源：国际航空运输）

2019 年排名	航空运输通道	CO₂ 排放量 / 百万吨		增幅 /%
		2013 年	2019 年	
1	亚太内部	133	199	50
2	北美内部	110	127	16
3	欧洲内部	79.4	107	35
4	欧洲—北美	43.2	56.1	30
5	亚太—欧洲	39.1	49.4	26
6	亚太—北美	34.5	44	27
7	亚太—中东	23.3	34.5	48
8	拉美内部	26.1	31	19
9	欧洲—中东	17	272	61

2019 年 排名	航空运输通道	CO₂ 排放量 / 百万吨		增幅 /%
		2013 年	2019 年	
10	拉美—北美	20.3	23.9	18
11	欧洲—拉美	18.4	23.6	28
12	非洲—欧洲	15.1	18	20
13	中东—北美	6.6	9.94	51
14	非洲内部	7.72	9.37	21
15	中东内部	7.24	9.18	27
16	非洲—中东	6.09	8.04	32
17	非洲—亚太	2.68	2.72	2
18	非洲—北美	1.58	1.98	25
19	亚太—拉美	0.55	0.89	60
20	拉美—中东	0.72	0.79	9
21	非洲—拉美	0.36	0.48	32
	合计	592	785	33

不同的飞机机型和业务，其二氧化碳的排放量也不尽相同。如在 2019 年，所有机型中以窄体客机二氧化碳的排放量最多，占碳排放总量的 43%；而支线客机的二氧化碳排放量最少，占碳排放总量的 6%，如图 10-11 所示。

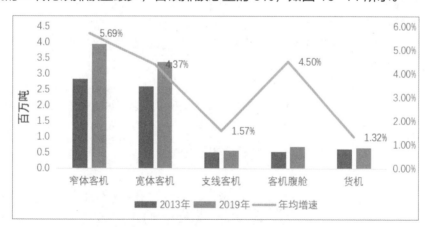

图 10-11　不用机型业务的二氧化碳排放量及年均增速（数据来源：国际航空运输）

2019 年，二氧化碳排放量前 10 的窄体客机如表 10-4 所示，其中波音 737-800 的排放量最大，增幅也是最大的。

表 10-4 二氧化碳排放量前 10 的窄体客机

2019 年排名	窄体客机机型	平均座位数	CO₂ 排放量 / 百万吨		增幅 /%
			2013 年	2019 年	
1	波音 737-800	174	73.5	113	116
2	空客 A320	169	71.9	109	114
3	空客 A321	196	18.9	45	48.4
4	空客 A319	137	28.3	28.8	27.8
5	波音 737-700/-700LR	140	25.2	20.6	22.7
6	波音 737-900/-900ER	187	6.73	15.4	16.3
7	波音 757-200	188	19	10.5	10.6
8	空客 A320neo	180	0.15	3.67	
9	麦道 MD-80	151	11.2	5.79	3.4
10	波音 717-200	116	3.34	3.4	3.24

（数据来源：国际航空运输）

对于航空运输系统碳排放的影响因素，可以从两个方面来探究，一个是内部因素，另一个是外部因素，具体情况如下。

1）内部因素

航空运输的碳排放量与周转量相关性较强，且会随着周转量的增加而呈现增长趋势。

2）外部因素

外部因素主要体现在两个方面，分别是人口规模和经济发展，具体内容如图 10-12 所示。

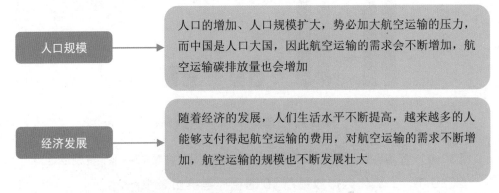

图 10-12 影响航空运输系统碳排放的外部因素

根据环保组织的计算公式，可以计算出飞机旅行时二氧化碳的排放量。飞机旅行分为短途飞机旅行、中途飞机旅行和长途飞机旅行，其计算方式也不同。图 10-13 所示为三种飞机旅行方式下二氧化碳排放的计算方式。

短途飞机旅行的二氧化碳排放量=公里数×0.275

中途飞机旅行的二氧化碳排放量=55＋0.105×（公里数－200）

长途飞机旅行的二氧化碳排放量=公里数×0.139

图 10-13　三种飞机旅行方式下二氧化碳排放的计算方式

其中，短途飞机旅行指的是 200 公里以内的旅行，中途飞机旅行的距离是 200 ~ 1000 公里，而长途飞机旅行指的是距离在 1000 公里以上。

5. 铁路运输

铁路运输是目前货物运输的主要方式之一，如图 10-14 所示。铁路运输的种类包括整车、零担、集装箱三种，其优缺点如图 10-15 所示。

图 10-14　铁路运输

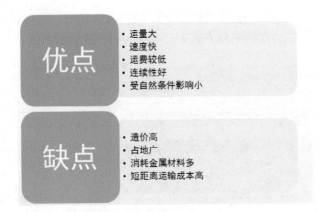

图 10-15　铁路运输的优缺点

10.2　交通运输业碳排放

在"双碳"目标下，交通运输业在碳排放方面有着巨大的压力，推动交通运输业深度减排对"双碳"目标的实现有重大意义。本节我们来看一下交通运输业碳排放的相关情况，包括减排时面临的问题、实施路径以及减排的举措。

10.2.1　减排面临的问题

交通运输业作为二氧化碳排放大户，在减排过程中会面临许多问题，如图 10-16 所示。

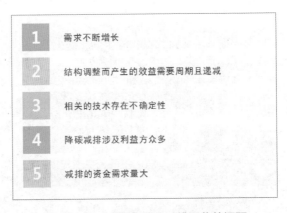

图 10-16　交通运输业减排面临的问题

10.2.2　实施路径

"双碳"目标的提出极大地推动了交通运输业减碳工作的实施，增强了行业减碳工作的紧迫感和积极性。针对交通行业的减排工作，可以通过以下路径来实现减排降碳的目标，如图 10-17 所示。

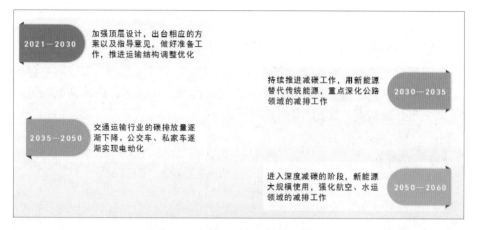

图 10-17　交通运输业减碳实施路径

10.2.3　减排举措

交通运输业碳排放主要在于车辆运输、运营设施和货物包装三个方面，下面来看一下具体的减排举措。

1．车辆运输

车辆运输过程是交通运输业碳排放量最大的一个阶段，降低交通运输业中的碳排放，重点在于降低车辆运输过程中的碳排放。针对车辆运输过程中的碳排放问题，可以通过使用清洁能源车辆、提升交通工具能效、优化交通工具规模和运输路线这三种方式来实现减碳目标。

1）使用清洁能源车辆

使用清洁能源车辆能够很好地减少运输过程中二氧化碳的排放，目前很多企业都采用这种方式来减排。例如，日本的通运企业积极引进压缩天然气卡车、低排放柴油卡车等环保车辆，还将使用代替燃料作为减排的重要措施之一。

又如，京东物流在 2017 年开始便逐渐用新能源汽车来取代传统燃油车，并且在全国范围内建设并引进了多个充电站。

2）提升交通工具能效

除了用新能源汽车代替传统燃油汽车的措施以外，还可以通过提升汽车、飞机、货船的能效来减少在运输过程中产生的二氧化碳。相关措施有推进车辆的现代化改造、采用相关的先进技术来创新运营等。

3）优化交通工具规模和运输路线

在交通运输业中，优化交通工具的规模和运输路线也可以达到减少二氧化碳排放的目的，相关措施有二次放行、飞行高度层优化等。

2．运营设施

在运营设施方面，可以构建可持续的厂房设施。可持续的厂房设施主要包括货运服务中心、航空陆运枢纽等。那么，怎样构建可持续的厂房设施呢？可以从以下两个方面来实现，如图 10-18 所示。

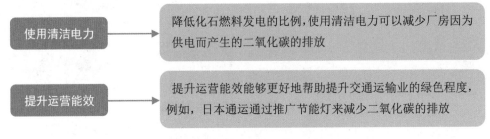

| 使用清洁电力 | 降低化石燃料发电的比例，使用清洁电力可以减少厂房因为供电而产生的二氧化碳的排放 |
| 提升运营能效 | 提升运营能效能够更好地帮助提升交通运输业的绿色程度，例如，日本通运通过推广节能灯来减少二氧化碳的排放 |

图 10-18　构建可持续厂房设施的方式

3．打造绿色包装

交通运输业还有一个环节会产生二氧化碳，那便是包装环节，包装物在生产过程中会造成二氧化碳的排放。企业可以采取减少包装材料的使用量、选择环保型包装物或使用可回收利用材料等方式来打造绿色包装。

10.3　交通运输业碳中和案例

在交通运输业，目前，不少企业在积极参与"双碳"目标的实现，并采取了多项措施来减少二氧化碳的排放。本节我们来看一下比亚迪和腾讯在实现"双碳"目标时所采取的行动。

10.3.1　比亚迪

比亚迪企业成立于 1995 年，其业务包括汽车、轨道交通、新能源和电子四大产业。作为代表性企业，比亚迪积极响应国家的"双碳"计划，宣布并启动了碳中和规划研究。在实现"双碳"目标方面，比亚迪主要采取了以下几种措施。

1．积极承担责任

作为新能源汽车的头部企业，比亚迪一直有着高度的社会责任感，不仅率先提出了碳中和规划路线，还将温室气体管理作为企业运营活动的一部分，并建立了《温室气体量化和报告管理程序》。每年，比亚迪都会将自己统计好的碳排放数据进行披露，并采取一系列措施来节能减排。

此外，比亚迪还在企业的生产经营过程中不断贯彻绿色发展的理念，通过技术改造等多种方式来降低能耗，提高能源的利用效率。

2. 坚持技术创新

比亚迪在实现减碳的过程中，积极开发光伏、储能、电动汽车、云轨、云巴等绿色技术产品，打通能源获取、存储到应用等各个环节，并为城市的绿色发展提供一揽子解决方案。

比亚迪还不断加大技术创新力度，构建绿色采购体系，研究探索新能源汽车等的核心零部件的相关技术。

3. 提出"1/3"减法

针对交通运输行业中的节能减排，比亚迪提出了三个"1/3"减法，如图 10-19 所示。

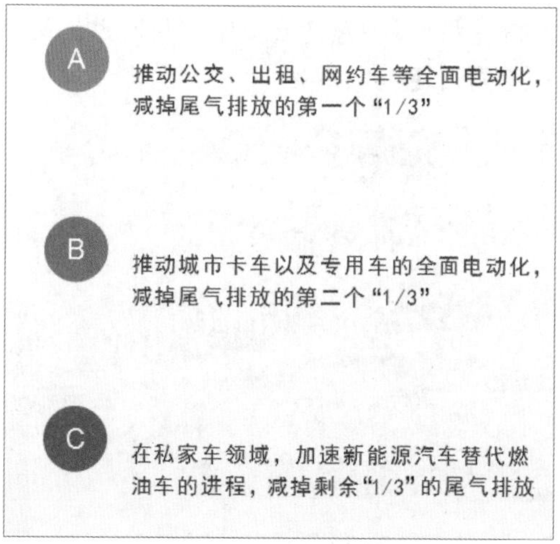

A 推动公交、出租、网约车等全面电动化，减掉尾气排放的第一个"1/3"

B 推动城市卡车以及专用车的全面电动化，减掉尾气排放的第二个"1/3"

C 在私家车领域，加速新能源汽车替代燃油车的进程，减掉剩余"1/3"的尾气排放

图 10-19 "1/3"减法

1）第一个"1/3"

第一个"1/3"是指在公交车、出租车、网约车等方面实现全面电动化，比亚迪还提出了首个公共交通电动化方案，目前已经成为全球共识。

2）第二个"1/3"

第二个"1/3"是要帮助城市卡车以及专用车实现全面电动化。比亚迪提出

了"7 + 4"全市场战略，如图 10-20 所示。

图 10-20 "7 + 4"全市场战略

3）第三个"1/3"

第三个"1/3"是在私家车领域，通过加速新能源汽车代替燃油车来减少二氧化碳的排放。三个"1/3"的实现将会使交通运输业全面进入电动化时代。为此，比亚迪推出了相关产品，其中包括高安全刀片电池、高性能碳化硅芯片等。图 10-21 所示为比亚迪刀片电池。

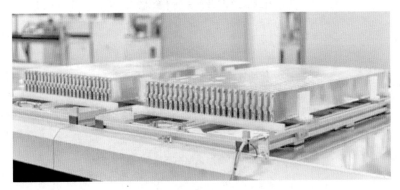

图 10-21 比亚迪刀片电池

10.3.2 腾讯智慧交通

交通是一个城市的关键组成，也是城市建设的核心场景。腾讯很早便开始着眼于公共交通领域，通过将相关技术与交通领域相结合，打造智慧交通。

为助力"双碳"目标的实现，腾讯通过技术将人与交通连接，打造了乘车码等一系列智慧交通服务产品，并提供了一套翔实的解决方案。图 10-22 所示为腾讯智慧交通业务和能力架构图，其具体优势如图 10-23 所示。

交通行业应用		智慧高速	城市交通	智能网联	智慧轨交	智慧民航	智慧港口	智慧物流		
交通 OS	开放平台	数据接口 开发管理中心	API接口 协作中心	组件化开发 DevOps		低代码开发	微服务开发		安全保障体系	标准规范体系
	核心能力	**AI引擎** 数据标签化 模型训练 智能算法 在线推理	**数字孪生引擎** 孪生构建 实时感知 仿真推演	**大数据引擎** 检索、融合 预测分析 优化		**泛V2X引擎** 协同工具 C端服务 协同云控	**空间计算引擎** GIS服务 时空融合 实时计算			
	数字底座	数据聚合	时空计算	数据/算法模型 交通图		元数据管理	数据融合			
	物联平台	设备数据 设备影子	设备控制 设备模型			数据连接				
交通云			中心云			边缘云				
设施设备+系统		感知设备	控制设备	信息发布设备	……	互联网数据	行业数据	……		

图 10-22 腾讯智慧交通业务和能力架构图

顶级安全防护能力

业界领先T级 DDoS 防护能力，秒级清洗攻击流量。大数据风控能力，准确识别恶意用户，解决交易等环节的欺诈威胁

视频智能分析

"一站式"视频处理服务，提供智能加工、行为检测、人脸识别、车辆识别和人车追踪等服务

大数据交互图形可视化

覆盖数据抽取、转换、加载、建模、分析、报表、治理等环节。实现数据实时图形可视化、场景化以及实时交互

全旅程智慧出行精准服务

触达近10亿用户，基于互联网积累海量数据。为个人出行服务、交通企业管理和营销等提供了优质平台

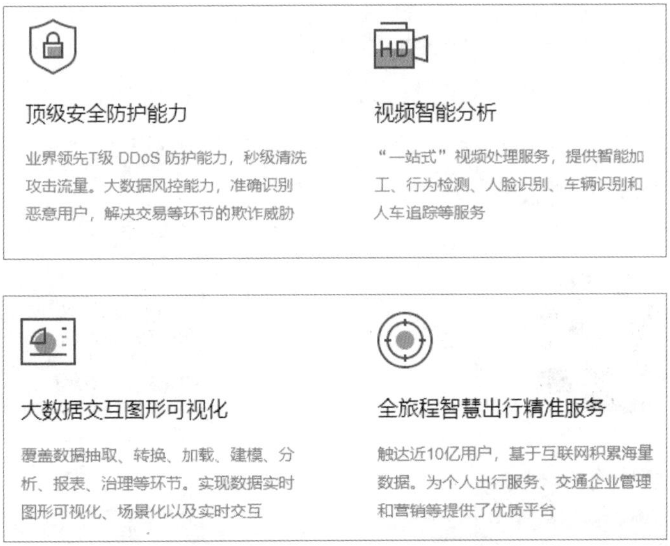

图 10-23 腾讯智慧交通优势

在智慧公交方面，腾讯推出乘车码、实时公交等产品，并积极建设大数据平

台、交通运行监测调度中心、城市轨道交通智慧大脑，为智慧交通、绿色交通建设增添助力。

1. 乘车码

腾讯通过推出乘车码落实了绿色出行的理念，带领人们进入高效、低碳的移动支付时代。同时乘车码还上线了电子发票的功能，从而使得发票成本大大降低，进一步实现节能减排。图 10-24 所示为腾讯乘车码。

图 10-24　腾讯乘车码

2. 实时公交

实时公交可以帮助人们在出行时了解到需要乘坐的公交车的运营情况，提高人们出行的效率，从而让绿色出行、公共出行的理念深入人心，如图 10-25 所示。

图 10-25　实时公交

3．大数据平台

腾讯通过运用计算机、机器学习等先进技术，与交通运输部公路科学研究院联合打造了公共交通出行大数据平台。该平台充分利用了大数据的优势，提升了公共交通的服务水平，为公共交通的绿色出行、便捷发展助力。

4．交通运行监测调度中心

2020 年，腾讯与西安交通运输局达成合作，通过利用双方的优势建设交通运行监测调度中心。该中心通过运用腾讯地图的优势，使得西安地区的交通能够更加畅通无阻，从而减少二氧化碳的排放。

5．城市轨道交通智慧大脑

2020 年，腾讯与广州地铁携手推出了第一个城市轨道交通智慧大脑——穗腾 OS，智慧升级了地铁交通中的多个方面，推动地铁业向绿色、低碳化发展。图 10-26 所示为穗腾 OS 可为合作伙伴带来的五大便利。

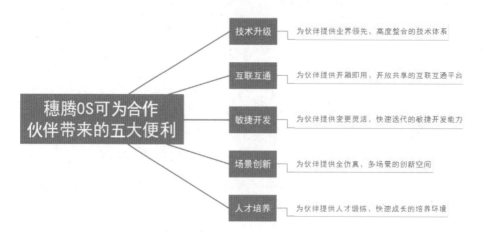

图 10-26　穗腾 OS 可为合作伙伴带来的五大便利

第 11 章
在电力行业的应用

学前提示

电力行业的碳排放量也是非常大的，不仅是能源供给大户，也是能源消耗大户。电力行业每年自身的损耗都能增加碳排放，因此在电力行业应用相关减排技术来减少碳排放是非常重要的。本章我们便来看一下碳中和在电力行业的实践。

11.1 电力行业概况

电在人们现如今的生产生活中是不可或缺的，电力的停摆对世界各国的影响都是巨大的。电力行业的碳排放量占比非常大，是在实现碳达峰、碳中和目标时需要重点关注的行业。

减少电力行业中的碳排放是目前环保领域最关注的问题之一。在了解碳中和在电力行业的实践之前，我们先来了解一下电力行业概况。

11.1.1 电力基础知识

电力的应用始于第二次工业革命，如今电力已经与人们的生产生活密切相关，许多产品都需要电力的支持。目前，常见的发电方式主要有以下四种。

1. 火力发电

火力发电是我国最主要的发电方式，也是碳排放量最大的发电方式。火力发电主要是利用燃烧煤等可燃物时产生的热量，通过发电装置转换成电能。图11-1所示为火力发电示意图。

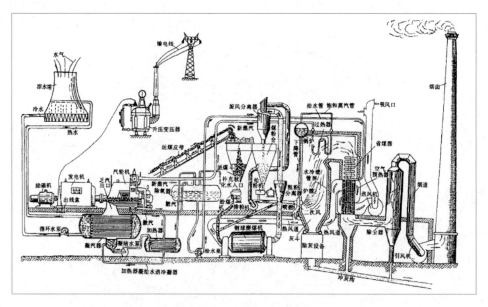

图11-1 火力发电示意图

2. 水力发电

水能是一种清洁可再生能源，用水力发电对环境的影响较小，但是水力发电受自然条件的限制较大。水力发电是通过利用水位落差带动水轮机的方式，将水能转换为机械能，然后再通过发电机将机械能转换为电能。图 11-2 所示为水力发电示意图。

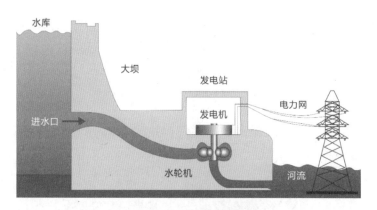

图 11-2 水力发电示意图

3．核能发电

核能发电不会产生二氧化碳，也不会造成大气污染，发电成本也较为稳定。其核心装置为核反应堆，虽然核能发电不会污染大气，但是发电时的裂变反应会产生对人体有害的放射性物质。图 11-3 所示为核能发电示意图。

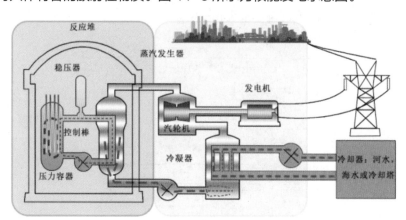

图 11-3 核能发电示意图

4．风力发电

风力发电是利用风能进行发电的，它不需要燃料。因此，风力发电比火力发电、核能发电更加环保。图 11-4 所示为风力发电示意图。

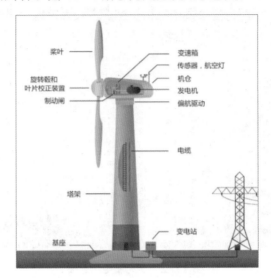

图 11-4 风力发电示意图

11.1.2 电力系统

电力系统主要是通过发电装置将自然界中的一些能源转化为电能，再将这些电能通过输电、变电、配电环节传输给用户，供用户使用，如图 11-5 所示。电力系统主要包括发电系统、输电系统和配电系统。

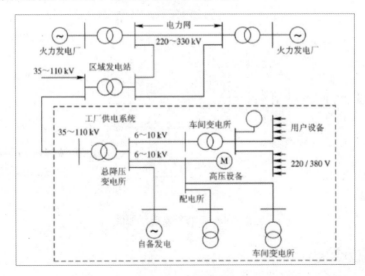

图 11-5 电力系统

一般的电力系统包含五个环节，分别是发电、输电、变电、配电以及用电，如图 11-6 所示。为了使用户能够获得更安全、优质的电，在不同的环节还设置了相应的系统来对电能的生产过程进行测量、控制、保护。

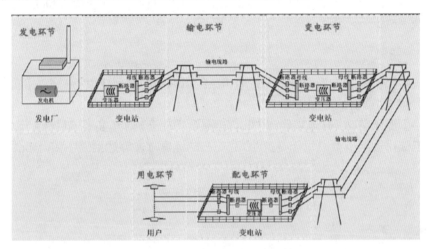

图 11-6　电力系统五个环节

电力系统主要结构包括五个部分，分别是电源（发电厂）、变电所、输电线路、配电线路、负荷中心，其中变电所与输电线路通常被人们称为电力网络。图 11-7 所示为变电所。

图 11-7　变电所

此外，各个电源之间还可以通过相互连接来实现不同地区之间电能的交换和调节，进而提高供电的安全性和经济性。

11.1.3 机遇与挑战

碳中和目标的提出，对于电力行业也有一定影响，既是机遇，也是挑战。下面我们来看一下在碳中和目标实现过程中，电力行业将会获得哪些机遇，又会面临哪些挑战。

1．机遇

碳中和目标的实现，给电力行业带来的机遇主要体现在以下三个方面。

1）使发展目标更加清晰

中国提出在 2060 年实现碳中和，但是要想在 2060 年实现该目标，电力行业的供电碳排放至少要以每年减少 10 克左右的速度才能够达到碳中和，如图 11-8 所示。

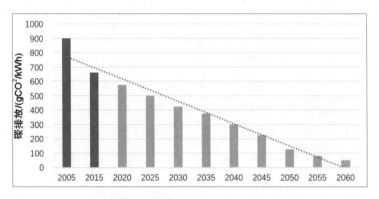

图 11-8　单位供电碳排放变化趋势（2005—2006）
（资料来源：摘自《能源革命：全球视角》）

在碳中和目标下，电力行业低碳发展便是尽可能地降低单位供电碳排放。

2）可再生能源快速发展

火力发电会排放大量的二氧化碳，为了节能减排，这种发电方式将会逐渐被可再生能源发电取代。从 2009 年开始，以风电、光伏、水电为主的可再生能源装机迅速增加，所占比重也不断上升。

由于政府的支持和碳中和目标的要求，未来每年增加的可再生能源发电装机将会增加，每年新增可再生能源发电装机带来的投资需求也将是巨大的。而投资需求的增加将会使投资规模扩大，投资规模扩大将会使风电、光伏等发电成本进一步下降，可再生能源发电的规模也将进一步扩大。

3）促进低碳化发展

除了以上两点外，碳市场的发展也能够为电力行业的低碳化发展提供基础性作用。

碳中和目标的实现，碳市场将发挥重要作用。在电力行业，碳市场能够发挥市场的配置作用，降低行业额度减排成本，还能够促进行业中的低碳投资以及低碳技术的持续创新。

2. 挑战

在碳中和目标实现的过程中，除了会给电力行业带来机遇外，还会使电力行业面临挑战，具体内容如下。

1）煤电装机快速增长时代结束

要想在 2060 年实现碳中和目标，煤电项目便要开始逐年减少，煤电装机的比重也要不断控制。只有在 2060 年将煤电装机比重控制在 10% 以下，才能实现电力的碳中和目标。图 11-9 所示为煤电和可再生能源占总装机比重变化趋势。

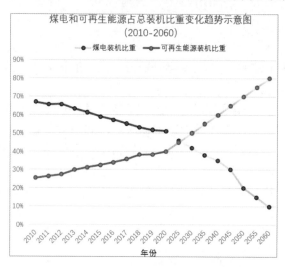

图 11-9　煤电和可再生能源占总装机比重变化趋势（2010—2060 年）
（资料来源：摘自《能源革命：全球视角》）

2）智能电网安全与运行压力大

风能、太阳能、水能等这些可再生能源容易受天气的影响，因此在发电的过程中，具有一定的随机性和波动性，这对电网在保障用电的平衡性、稳定性方面提出了更大的挑战。

为了应对这些挑战，电网便需要引进人工智能技术等先进技术，来提升电网的安全运行和智能化水平。

3）减排技术前景难测

在电力行业，未来或许还会存在一定比例的煤电装机，需要考虑这部分装机二氧化碳的处理问题。

虽然 CCUS 技术发展较好，但是要想将这一技术应用起来，还有诸多挑战，如 CCUS 技术距离大规模商用还较远、CCUS 技术的成本一直居高不下等。

11.2 电力行业碳中和路径

目前，中国国民经济的增长仍然依赖于能源消耗，在电力行业，要在满足电力需求持续增长的基础上，减少二氧化碳的排放。那么，我国电力行业碳中和的实施路径有哪些呢？

11.2.1 节能与掺烧

在电力行业，要想实现碳中和，首先可以把节能与掺烧作为引领，保留一定量的火电组装机。此外，还可以采取以下两种方式。

1. 煤电节能改造

为了更好地实现碳中和，国家可以采取一定的措施来关停效率低、煤能耗高的落后火电组装机。

此外，可以对占煤电容量 30% 的亚临界机组进行升级改造。对其进行改造能够大大地降低煤耗，还能使其更好地适应电网的负荷调节。

徐州华润电厂便曾对一部分亚临界燃煤机组进行改造。改造完成后，在额定负荷下，供电煤耗降低了 36g/（kW·h），相当于每年节约标准煤 5.2 万吨，二氧化碳的排放量每年减少 14 万吨。图 11-10 所示为徐州华润电厂。

图 11-10 徐州华润电厂

安徽平山电厂的二期工程采用的是并网发电的方式，其设计供电煤耗为 251g/（kW·h），将工厂里用电的电率按 5% 使用，这样发电煤耗为

238.45g/（kW·h），折算成二氧化碳的排放量，便是 643.8g/（kW·h）。而这样的排放量是位于气候变化专门委员会（IPCC）公布的油电与气电的排放量之间的。图 11-11 所示为安徽平山电厂。

图 11-11　安徽平山电厂

2. 掺烧非煤燃料

减少用煤发电中碳排放的方式，还有一个方向是将煤与生物质、污泥等耦合混烧。这种方式最突出的优点是，通过利用生物质、污泥等代替部分煤炭，从而降低二氧化碳的排放量。

图 11-12 所示为掺烧煤泥发电技术流程。可以看出，在进行掺烧之前还要对煤泥进行处理，将其制成粉末，再进行掺烧。这种方式不仅可以降低二氧化碳的排放量，还可以进行污泥处理。

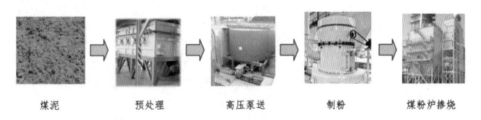

| 煤泥 | 预处理 | 高压泵送 | 制粉 | 煤粉炉掺烧 |

图 11-12　掺烧煤泥发电技术流程

掺烧煤泥发电在国内外都有相对成熟的经验。国内外不少电厂是通过这种方式来降低二氧化碳排放量的。图 11-13 所示为浙能长兴发电有限公司燃煤耦合污泥发电项目现场。该项目是国家试点项目，将污泥与煤耦合发电，还利用超低排放装置进行气体净化，能够很好地处理污泥，减少碳排放。

图 11-13　浙能长兴发电有限公司燃煤耦合污泥发电项目现场

火电是最可靠的保供电能，而我国火电的比重很大，要想在 2060 年前实现碳中和，在火电的使用方面应该着重关注。

11.2.2　低碳能源

表 11-1 所示为全球各种电源的平均二氧化碳排放强度。从表 11-1 中可以看出，煤电、油电、气电的碳排放强度都是很大的，尤其是煤电，这三种电源被称为高碳排放电源。

表 11-1　全球各种电源的平均二氧化碳排放强度

电源名称	煤电	油电	气电	光伏	地热	
排放强度 /[g/(kW·h)]	1001	840	469	48	45	
电源名称	光热	生物质	核电	风电	潮汐	水电
排放强度 /[g/(kW·h)]	22	18	16	12	8	4

光伏、地热、光热、生物质、核电、风电、潮汐、水电被称为低碳排放电源，其中以水电的排放强度最低。要想实现碳中和的目标，就要减少煤电电源的使用，大力发展低碳电源。

在低碳电源中，中国水电资源开发程度相对较高，而核电的选址比较困难，能进行发电的地热资源十分有限，潮汐发电项目一直未能得到推广，生物质的发电规模很大。目前，能够大规模取代煤电、油电、气电这三种高碳电源的，只有风电和太阳能发电这两种。图 11-14 所示为潮汐发电原理。

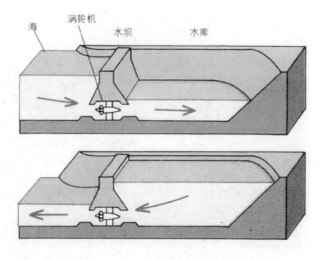

图 11-14　潮汐发电原理

11.2.3　储能与碳捕集

我国的弃风、弃水等现象比较严重。为了更好地保障我国电力系统的稳定，减少弃风、弃水等现象的发生，开展储能项目是非常有必要的。但是，储能项目本身也会消耗电能，需要国家采取相应的措施来推动储能项目的建设。

除了要储能外，还要解决碳排放后的处理问题。目前，一点儿碳都不排放是不可能的，因此不能总想着减少碳排放，应该考虑二氧化碳再利用的问题。

CCUS 技术实施起来的成本非常大，各个环节的成本都相对较高，如表 11-2 所示。另外，碳捕集工程还存在高能耗、高风险、投资大等问题，导致其很难应用。

表 11-2　2025—2060 年 CCUS 各环节技术成本

年份		2025	2030	2035	2040	2050	2060
捕集成本 / (元 / 吨)	燃烧前	100~180	90~130	70~80	50~70	30~50	20~40
	燃烧后	230~310	190~280	160~220	100~180	80~150	70~120
	富氧燃烧	300~480	160~390	130~320	110~230	90~150	80~130
运输成本 / [元 /(吨·km)]	罐车运输	0.9~1.4	0.8~1.3	0.7~1.2	0.6~1.1	0.5~1.1	0.5~1
	管道运输	0.8	0.7	0.6	0.5	0.45	0.4
封存成本 /(元 / 吨)		50~60	40~50	35~40	30~35	25~30	20~25

尽管如此，该技术仍然是目前众多碳减排技术中关键技术之一，不仅我国高度重视该技术的发展，其他国家在规划或行动方案中也都将 CCUS 技术列为缓解气候变化的重要技术。

目前，我国已经有一些碳捕集和封存工程建设。图 11-15 所示为我国最大规模（15 万 t/a CO_2）捕集和封存全流程示范工程。

图 11-15　最大规模（15 万 t/a CO_2）捕集和封存全流程示范工程

11.3　电力行业碳中和措施

了解了电力行业概况和碳中和在电力行业中的实施路线后，下面我们来看一下在实现碳中和目标时，电力行业中各大企业的措施。

11.3.1　华能集团

在实现碳达峰、碳中和方面，华能集团的主要方式是通过提高新能源的发电装机占比，并打造以新能源、核电、水电三方为支撑的格局，加快提升华能集团内部清洁能源的比重，积极实施相关减煤减碳措施。

在"十四五"规划中，华能集团还提出了具体的目标，即到 2025 年，华能集团内部的发电装机达 3 亿千瓦，新增的新能源装机 8000 万千瓦以上，确保清洁能源装机占总装机的 50% 以上，碳排放的强度则较"十三五"期间下降 20%。在业务方面，华能集团形成了风电、光伏、水电、金融为主的四大百亿级业务板块。

在节约能源资源方面，华能集团一直致力于建设循环经济。2020 年，华能集团形成了两条有着自主知识产权的污泥垃圾耦合发电技术路线，在秦皇岛、苏州、杨柳青、珞璜等地示范应用，如图 11-16 所示。

除此之外，华能集团还成立了碳中和研究所，并发行了绿色债券，为碳中和的技术研究和项目的开展筹集更多的资金。

秦皇岛秦热污泥发电项目

苏州热电污泥发电项目

杨柳青热电污泥发电项目

珞璜电厂污泥发电项目

图 11-16　华能集团污泥垃圾耦合发电技术路线示范应用

11.3.2　国家电投

国家电投实现碳达峰、碳中和的主要思路有五个方面，分别是严格控制煤电以及气电的总量、大力发展清洁能源、创新低碳技术并加强新兴产业的发展、积极参与全国碳市场以及电力市场的建设、全力推进企业的绿色低碳转型发展。

2020年，国家电投公布了碳达峰的时间表，初步预计到2023年就可实现碳达峰。此外，国家电投还提出了"2035一流战略"，如图11-17所示。

国家电投还致力于推进大型清洁能源基地的建设，如内蒙古乌兰察布基地、青海海南州清洁能源基地、四川甘孜基地、辽宁红沿河核电基地、山东海阳和荣成核电基地、江苏盐城海上风电基地、广东揭阳海上风电基地。

青海海南州清洁能源基地是全球一次性建设投产最大规模、最短时间建成的基地，如图11-18所示。该基地尝试了许多新工艺、新技术，还开启了中国清洁能源基地产业园区开发的新模式。

图11-19所示为内蒙古达拉特项目。该项目是全国最大的沙漠光伏电站项目，不仅能够治理沙漠，还能够开发清洁电力，减少二氧化碳、二氧化硫和氮氧化物等的排放。

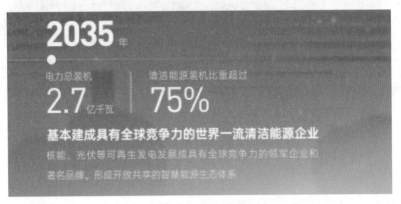

图11-17 "2035一流战略"

图11-18 青海海南州清洁能源基地

图 11-19 内蒙古达拉特项目

11.3.3 华电集团

作为我国五大发电集体之一，华电集团积极构建"清洁低碳、安全高效"的能源体系，还将实现碳达峰、碳中和作为公司的重点任务之一。图 11-20 所示为华电集团。

图 11-20 华电集团

华电集团实现碳达峰、碳中和目标的主要方式有两种，一种是加快旗下新能源资产的重组，另一种是通过发行绿色债的方式公司的清洁能源项目筹集资金。

2020 年 12 月，华电集团的资产重组工作取得了重大阶段性进展，其旗下的风光电资产已经完成了向华电福新能源发展有限公司的整合。2021 年，华电集团为碳中和项目筹资，发行了 15 亿元的绿色债券。华电集团在发展清洁能源项目、实现碳中和目标方面做了很多努力。

华电集团还在 2021 年发布了"十四五"期间碳达峰的行动方案。在该行动方案中，华电集团将力争在 2025 年实现碳达峰。此外，该行动方案中还给出了五条实施路径，分别是优化发电结构、深挖煤炭潜力、加快科技攻关、创新金融服务、聚合内外力量。

在煤电节能减排升级改造方面，华电集团也一直在努力。从 2018 年到2020 年，华电集团的供电煤耗、燃油单耗都呈现下降趋势，如图 11-21 所示。

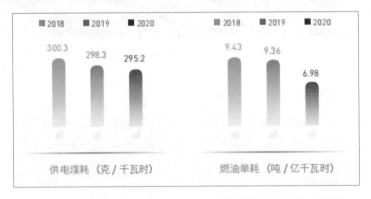

图 11-21 华电集团 2018—2020 年供电煤耗和燃油单耗情况

该行动方案中还提出了实现碳中和目标的八大专项行动，如图 11-22 所示。

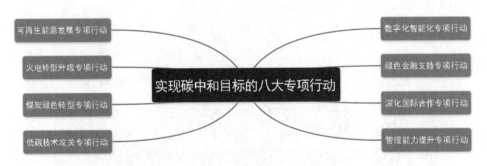

图 11-22 实现碳中和目标的八大专项行动

11.3.4 大唐集团

大唐集团自成立以来，就以绿色发展为己任，一直致力于推进绿色发展和减排降碳工作，从龙滩水电站、塞罕坝风电场到长大涂光伏项目，都是大唐集团为绿色发展作出的努力。

在"十二五"期间，大唐集团还建成了高井热电厂CCS(二氧化碳捕集与封存)项目，这个项目是世界上首个燃气电厂 CCS 项目。这个项目通过将煤碳转换成燃气，使得高井热电厂每年大约可以减少 195 吨的碳排放。图 11-23 所示为高井热电厂。

图 11-23　高井热电厂

多年来，大唐集团积极开展多个绿色发展的相关项目，主动参与全国的碳排放交易市场的建设以及试点地区的碳排放交易。2016 年，大唐集团还成立了中国大唐碳资产有限公司，为其他公司提供碳中和服务，并且在包装行业打造了首单 CCER（China certified emission reduction，经核证的国内自愿减排量）碳中和项目。

除此之外，大唐集团还与法国电力签署了绿色低碳全面战略合作框架协议，并在 2021 年 6 月的发布会上发布了"双碳"行动纲要。大唐集团将在 2060 年实现碳中和并力争提前完成目标，其中将集团内部的非化石能源装机提升到 90% 以上。

在"双碳"行动纲要中，大唐集团将从三条路径进行突破，以实现碳中和、碳达峰，如图 11-24 所示。大唐集团"双碳"行动纲要中还进一步明确了 10 个方面的具体举措，如图 11-25 所示。

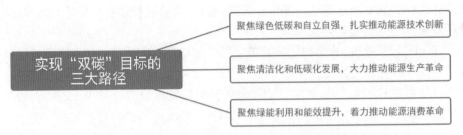

图 11-24　大唐集团实现"双碳"目标的三大路径

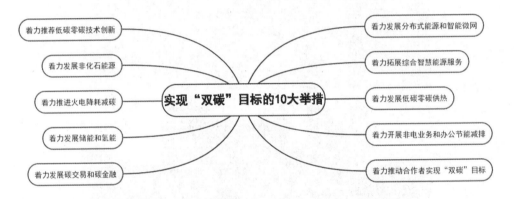

图 11-25　大唐集团实现"双碳"目标的 10 大举措

第 12 章
与公众生活相关

学前
提示

　　碳排放与人们的日常生活息息相关，"双碳"目标的实现离不开大家的努力。本章我们便来看一下"双碳"目标与公众生活相关的情况。

12.1　培养公众生态文明意识

培养公众的生态文明意识是推进生态文明建设的重要途径，可以促进经济建设和文明建设，同时也有利于我国"双碳"目标的实现。本节我们来看一下为了实现"双碳"目标应该培养公众哪些意识。

12.1.1　生态意识

生态意识（Ecological Consciousness）的核心思想是生态伦理学和生态哲学，其性质是人与自然环境和谐发展的价值观。全球气候变暖，生态环境日益恶化的现状，都需要人们增强生态意识。

目前，我国公民的生态意识还不是很高，具体表现在以下七个方面，如图 12-1 所示。

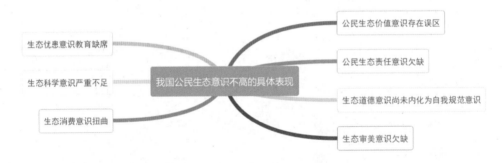

图 12-1　我国公民生态意识不高的具体表现

12.1.2　全球意识

地球与人类已经成为一个不可分割的整体，各国人民都是这个整体的一部分，各国的发展都有可能影响到其他国家的发展。

全球各国人民都生活在地球上，就必须为地球的良好发展贡献自己的一份力量。各国在发展本国经济的同时，一定要有全球意识，不能仅仅贪图本国经济的发展而肆意妄为，否则，最后会影响地球上的每一个国家以及全人类。

在碳排放方面，各国都要积极参与实现"双碳"目标。只有各国人民都积极参与，才能更好地应对气候变化。

12.1.3　环境意识

环境意识是在人类意识到人与环境的关系问题时产生的，其产生于 20 世纪 60 年代。根据研究的学术背景不同，环境意识也有着不同的含义。下面我们来看一下环境意识的不同定义。

1. 从哲学的角度

从哲学的角度来探讨环境意识的人较多。从哲学的角度，不同的学者给环境意识下的定义也不同，有的学者认为"生态意识是对人与自然的关系以及这种关系变化的哲学反思"；有的学者则认为"环境意识是指人们对于环境现象和环境行为能力的反映和认识"。

2. 从文化的角度

从文化的角度，有的学者认为"环境意识是环境文化的核心和基础"，而环境文化有三种不同的形态，分别是环境物质文化、环境制度文化和环境精神文化。

而对于环境意识的定义，是从人类意识的角度给出的。它主要包括两个方面，分别是环境理性认识层次和环境感性认识层次。

3. 从价值观的角度

从价值观的角度，有的学者认为"环境意识，从狭义上说，是对大自然价值及与自然有关的人类行为价值的认识，从广义上说，则还包括对人类创造的物质型历史遗产的价值及与之相关的人类行为的价值的认识"。

4. 从心理学的角度

从心理学的角度，有的学者给环境意识下的定义为"环境意识就是人们对待环境问题上的心理觉悟。它包括生产、生活活动与自然关系的理论、思想、情感、知觉、伦理道德等意识要素与观念形态的总和"。

12.2　全民践行绿色低碳生活

为了更好地实现"双碳"目标，我国出台了《中共中央、国务院关于完整准确全面贯彻新发展理念做好碳达峰碳中和工作的意见》（以下简称《意见》）和《2030 年前碳达峰行动方案》（以下简称《方案》）。

这两个文件提出了我国实现"双碳"目标工作的原则、目标等，而且在《方案》中还提出了全民践行绿色低碳生活的相关内容，主要包括四个方面，分别是加强生态文明宣传教育、推广绿色低碳生活方式、引导企业履行社会责任、强化领导干部培训，具体内容如下。

（九）绿色低碳全民行动。

增强全民节约意识、环保意识、生态意识，倡导简约适度、绿色低碳、文明健康的生活方式，把绿色理念转化为全体人民的自觉行动。

1．加强生态文明宣传教育。将生态文明教育纳入国民教育体系，开展多种形式的资源环境国情教育，普及碳达峰、碳中和基础知识。加强对公众的生态文明科普教育，将绿色低碳理念有机融入文艺作品，制作文创产品和公益广告，持续开展世界地球日、世界环境日、全国节能宣传周、全国低碳日等主题宣传活动，增强社会公众绿色低碳意识，推动生态文明理念更加深入人心。

2．推广绿色低碳生活方式。坚决遏制奢侈浪费和不合理消费，着力破除奢靡铺张的歪风陋习，坚决制止餐饮浪费行为。在全社会倡导节约用能，开展绿色低碳社会行动示范创建，深入推进绿色生活创建行动，评选宣传一批优秀示范典型，营造绿色低碳生活新风尚。大力发展绿色消费，推广绿色低碳产品，完善绿色产品认证与标识制度。提升绿色产品在政府采购中的比例。

3．引导企业履行社会责任。引导企业主动适应绿色低碳发展要求，强化环境责任意识，加强能源资源节约，提升绿色创新水平。重点领域国有企业特别是中央企业要制定实施企业碳达峰行动方案，发挥示范引领作用。重点用能单位要梳理核算自身碳排放情况，深入研究碳减排路径，"一企一策"制定专项工作方案，推进节能降碳。相关上市公司和发债企业要按照环境信息依法披露要求，定期公布企业碳排放信息。充分发挥行业协会等社会团体作用，督促企业自觉履行社会责任。

4．强化领导干部培训。将学习贯彻习近平生态文明思想作为干部教育培训的重要内容，各级党校（行政学院）要把碳达峰、碳中和相关内容列入教学计划，分阶段、多层次对各级领导干部开展培训，普及科学知识，宣讲政策要点，强化法治意识，深化各级领导干部对碳达峰、碳中和工作重要性、紧迫性、科学性、系统性的认识。从事绿色低碳发展相关工作的领导干部要尽快提升专业素养和业务能力，切实增强推动绿色低碳发展的本领。

要想尽快实现"双碳"目标，只靠政府、企业是不够的，需要全民都参与进来。只有全民都践行绿色低碳生活，才能更好地降低二氧化碳的排放。以下我们来看一下如何践行绿色低碳生活。

12.2.1 控制碳排放

气候变化影响着人类的生存与发展，积极应对气候变化、大力推进"双碳"工作，才能实现地球的可持续发展。

在我国碳排放的结构中，公众生活所产生的二氧化碳占总排放量的30%以上。因此，解决公众生活中二氧化碳的排放是十分必要的。这需要公民从生活方式、价值观念上加以转变，不断地推广绿色低碳的生活方式，培养公众的低碳意识、环境意识、生态意识等。

12.2.2　全民广泛参与

全民参与节能减排是"双碳"工作中不可或缺的一部分，全民广泛参与、社会全面动员是将生活方式、消费模式低碳化、绿色化的重要推动力。大力推动低碳、绿色生活方式的宣传活动，倡导公众减少浪费和不合理的消费，为我国的减碳工作增添一份助力。

我国的人均用能达到 3.5 吨，而在美国、德国等发达国家的人均用能达到 9.9 吨、5.5 吨。大力促进全民广泛参与低碳活动、践行低碳出行等，才能在实现"双碳"目标的同时促进我国经济的高质量增长。

公众的消费偏好可以在一定程度上影响企业的生产行为，即人们绿色的生活方式可以推动生产方式的转变。同时，公众践行绿色低碳的生活方式还能够促使我国交通、建筑等领域向低碳化、绿色化转变。

12.2.3　全民行动

要想全民都行动起来，最重要的是要培养公众绿色生活的意识，让大家从身边的小事做起，一点一滴地践行绿色低碳的生活方式。我国举办了多种活动来帮助公众培养绿色低碳意识，如主题宣讲活动、"地球一小时"等，具体内容如下。

1．主题宣讲活动

第 53 个世界地球日，重庆为了提高旅客保护环境的意识，举办了以"坚持低碳出行，共创美丽家园"为主题的宣讲活动。在本次活动中，参与人员通过在候车厅、站台、列车上发放宣传册等方式来向旅客介绍相关的环保知识，让低碳绿色生活方式进一步深入人心。图 12-2 所示为主题宣讲活动现场。

此外，北京也举办了相关活动，如践行绿色低碳迎冬奥系列宣传活动。本次活动通过线上线下等多种方式，围绕低碳冬奥等内容，开展了 10 余场主题宣讲活动。本次活动还成立了"绿色北京、绿色行动"宣讲团，该团成员在北京多个地区开展了"绿色生态助力冬奥""低碳节能燃气安全""垃圾分类，我们一起来"等主题宣传活动。

2．"地球一小时"

"地球一小时"又称"关灯一小时"，首次发起时间是在 2007 年 3 月 31 日，而后将每年 3 月的最后一个星期六的晚上 20:30—21:30 作为每年举办该活动的时间。该项活动旨在激发大家对于保护环境、保护地球的责任感。

图 12-2　主题宣传活动现场

这是一项全球性的活动，在第一次活动举办后，该活动便以惊人的速度风靡全球。2022 年该活动的主题为"行动！共创未来"。图 12-3 所示为"地球一小时"官网。

图 12-3　"地球一小时"官网

举办该活动有很多积极作用，如节能减排效果显著、环保意识觉醒等。图 12-4 所示为环保意识觉醒过程。

在日常生活中，有人总会因为疏忽大意或者觉得麻烦而忘记关灯或关闭其他电器，而熄灯一小时可以在一定程度上帮助人们养成随手关灯等习惯。图 12-5 所示为熄灯一小时的好处。

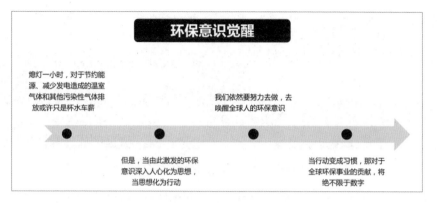

图 12-4　环保意识觉醒过程

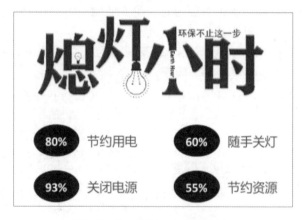

图 12-5　熄灯一小时的好处

12.3　倡导绿色低碳生活

我国人民有着勤俭节约、反对浪费的优良传统。如今，政府不断通过各种方式来帮助公民树立绿色健康的生活理念，形成绿色低碳的生活方式。健康的生活方式、绿色低碳的生活习惯可以促进社会的可持续发展、加快生态文明建设，对我国的"双碳"工作也有一定的助力。

12.3.1　绿色生活

绿色生活是一种没有污染的、健康的、环境友好型的生活方式。在现如今全球变暖的环境下，各个国家都采取一系列措施来节能减排，而绿色生活作为减排措施之一，其推行也势在必行。值得注意的是，绿色生活必须符合三个条件，如图 12-6 所示。

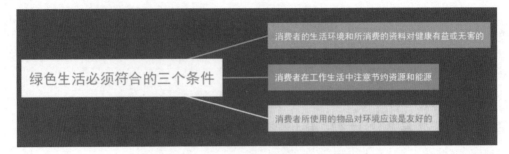

图 12-6 绿色生活必须符合的三个条件

近百年来，由于人们一系列不当行为，如排放大量的污水到湖中、乱丢垃圾等，导致了严重的生态危机。人与环境是不可分割的，人类破坏环境最终会成为环境问题的受害者。践行绿色生活方式、改善环境，就是为了创造出更好的生活环境，人人都应该参与进来。

那么，怎样宣扬绿色生活，让大家逐渐养成良好的、绿色的生活方式呢？这里给出四条应对措施，如图 12-7 所示。

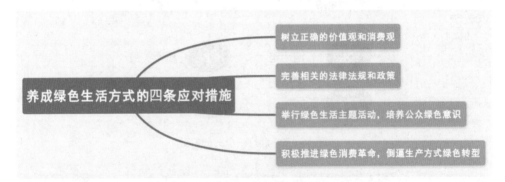

图 12-7 养成绿色生活方式的四条应对措施

12.3.2 低碳生活

随着社会的发展、经济的增长，人们的物质生活水平提高了，但是环境问题也随之而来。如今，人类的生存环境正在逐渐恶化，需要人们去好好保护。低碳生活是一种更自然、更安全的生活方式，能够促进社会的可持续发展，也能改善人类生存环境恶化的情况。

那么，我们应该怎么践行低碳生活呢？可以从增强环保意识、推行林业碳汇、养成低碳习惯三个方面来实现。

1．增强环保意识

只有人们有意识地去保护环境，才能够真正地去行动。要想形成低碳的生活习惯，需要增强人们的环保意识。

2．推行林业碳汇

林业碳汇是碳汇的一种，其主要是通过利用森林的储碳功能，采取如加强森林管理、植树造林等多种方式吸收大气中的二氧化碳。

推行林业碳汇是有效推进我国实现"双碳"目标的重要措施之一，从 2020 年提出"双碳"目标以来，我国便一直重点关注碳汇问题。图 12-8 所示为我国发展林业碳汇的各项举措。

图 12-8　我国发展林业碳汇的各项举措

2006 年，我国广西正式落地了全球首个清洁发展机制林业碳汇项目。经过十几年的发展，该项目取得了一定的成效。我国的碳汇项目逐年增加，也取得了不错的经济效益和生态效益。

发展林业碳汇是应对全球气候变化的重要战略手段，是低成本实现减排目标的重要途径，促进林业发展的重要资金来源，也是实现国家乡村振兴政策的有效措施。图 12-9 所示为发展林业碳汇的意义。

3．养成低碳习惯

养成低碳习惯能够帮助人们践行低碳、绿色的生活方式，可以促进低碳生活长久落地。那么，怎样养成良好的低碳习惯呢？可以从以下几个方面入手。

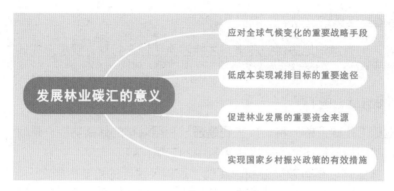

图 12-9　发展林业碳汇的意义

1）衣

在衣服方面，可以少买不需要的衣服，以及使用节能的方式来洗涤衣服，因为生产衣服会排放一定的二氧化碳，如图 12-10 所示。

少买衣服

一件衣服=2.5 千克标准煤=二氧化碳6.4千克

13.9亿件衣服=347.5万吨标准煤=889.6万吨二氧化碳

图 12-10　生产衣服的二氧化碳排放量

2）食

在吃食方面，要减少畜产品的浪费。生产肉食的碳排放量是很大的，畜牧业所排放的温室气体甚至比交通工具所排放的还要多。此外，还要减少粮食的浪费、减少喝瓶装水和饮料、不吸烟等。

图 12-11 所示为浪费粮食中二氧化碳的排放量。虽然浪费一点点粮食，所排放的二氧化碳不是很多，但是如果每个人都浪费一点点的话，那么所浪费的二氧化碳的数量是非常庞大的。

减少粮食浪费

0.5千克粮食=0.18千克标准煤=二氧化碳0.47千克

0.5×13.9亿=25.02万吨标准煤=65.33万吨二氧化碳

图 12-11　浪费粮食中二氧化碳的排放量

3）住

在住的方面，有很多需要注意的地方，如装修采用节能的方式，室内设计以自然通风、自然采光为原则，采用节能的照明方式，合理使用家里的电器等。

● 冰箱。

冰箱中存放食物的数量会影响冰箱的用电量，当冰箱中所储存的食物过少时，会增大冰箱的用电量；而当冰箱储存食物过多的时候，也会增加冰箱的耗电量。冰箱内的食物占总容积的 60% 时才最适宜。

● 空调。

在使用空调的时候，不能频繁地开关，空调的温度最好是在国家提倡的范围内，如果在此基础上每调低 1℃，便会多排放 21 千克的二氧化碳，如图 12-12 所示。使用空调的时候，将风扇放在空调内机下面，可以提高制冷的效果。

调低 1℃　空调温度在国家提倡的基础上调低1℃

- 1℃=每年22度=二氧化碳21千克
- 1×1.5亿（我国空调数量）=每年33亿度=315万吨二氧化碳

图 12-12　空调温度下调时二氧化碳的排放量

4）行

● 少开车，多走路，多骑自行车或乘坐公共交通工具。

● 在购买汽车时选择小排量的或混合动力的。

● 科学用车，提高用车效能。

5）用

● 在购物时自备购物袋。

● 不使用一次性筷子。

● 节约用纸、用水。

● 合理使用电脑、打印机等。

● 多走楼梯，少乘坐电梯。

6）其他

● 合理地处理生活垃圾。

● 发电子贺卡、电子邮件，少用纸张。

● 夜间及时熄灯。

● 积极参加植树造林活动。